Columba Sara Evelyn (Éd.)

Lever de Soleil

Columba Sara Evelyn (Éd.)

Lever de Soleil

Jour, Soleil, Horizon, Aube (temps), Ciel, Inclinaison de l'axe

Fec Publishing

Imprint

All parts of this book are extracted from Wikipedia, the free encyclopedia (www.wikipedia.org).

You can get detailed informations about the authors of this collection of articles at the end of this book. The editors (Ed.) of this book are no authors. They have not modified or extended the original texts.

Pictures published in this book can be under different licences than the GNU Free Documentation License. You can get detailed informations about the authors and licences of pictures at the end of this book.

The content of this book was generated collaboratively by volunteers. Please be advised that nothing found here has necessarily been reviewed by people with the expertise required to provide you with complete, accurate or reliable information. Some information in this book maybe misleading or wrong. The Publisher does not guarantee the validity of the information found here. If you need specific advice (f.e. in fields of medical, legal, financial, or risk management questions) please contact a professional who is licensed or knowledgeable in that area.

Cover image: www.ingimage.com
Concerning the licence of the cover image please contact ingimage.

Publisher:
Fec Publishing is a trademark of
International Book Market Service Ltd., 17 Rue Meldrum, Beau Bassin, 1713-01 Mauritius
Email: info@bookmarketservice.com
Website: www.bookmarketservice.com

Published in 2011

Printed in: U.S.A., U.K., Germany. This book was not produced in Mauritius.

ISBN: 978-613-7-37781-9

Contents

Articles

References

Lever de soleil

Le **lever de soleil** est la période du jour où notre étoile, le Soleil, apparaît au-dessus de l'horizon vers l'est. Il est précédé de l'aube, pendant laquelle le ciel commence à s'illuminer, quelque temps avant l'apparition du Soleil. Il s'agit d'un phénomène visible par un observateur situé sur un point donné de la surface du globe terrestre.

Par extension, le lever de soleil désigne l'apparition d'un astre à l'horizon pour un observateur.

Animation d'un lever de soleil.

Horaire

Causes astronomiques

Du fait de l'inclinaison de l'axe terrestre et de l'excentricité de son orbite, l'heure de lever du Soleil varie tout au long de l'année, et dans des proportions différentes suivant la latitude du lieu, des conséquences de l'équation du temps du lieu d'observation, ainsi que de la durée totale du jour.

On considère généralement que le lever de soleil se produit lorsque le bord supérieur de l'étoile apparaît au-dessus de l'horizon. En revanche, les éphémérides donnent le moment où le centre du Soleil le franchit, ce qui se produit en général une à deux minutes après. L'heure de lever de soleil est également modifiée par l'altitude.

Atmosphère

Par réfraction du Soleil dans l'atmosphère, son lever s'effectue plus tôt que sur un corps céleste qui en serait dépourvu.

Latitude

Près de l'équateur, les variations de l'heure de lever du Soleil reproduisent celles de l'équation du temps en oscillant de plusieurs minutes autour d'une valeur moyenne, mais deux fois par an : l'heure du lever décroît de mi-février à mi-mai, puis croît jusqu'à la fin juillet avant de décroître jusqu'au début novembre et croître jusqu'à la mi-février de l'année suivante. Le Soleil se lève au plus tôt vers le début novembre et le lever le plus tardif se produit vers le 10 février, mais il n'y a moins d'une demi-heure d'écart entre ces deux horaires.

Vers 5° de latitude, le Soleil se lève le plus tôt deux fois dans l'année, vers la fin mai et la fin octobre. Au-delà, l'horaire du lever tend à n'osciller qu'une seule fois dans l'année pour globalement devenir plus tardive en été et en automne et inversement en hiver et au printemps. Vers 14° de latitude, il existe une période (septembre dans l'hémisphère nord, avril dans l'hémisphère sud) où le Soleil se lève à peu près à la même heure tous les jours[1] .

Aux latitudes moyennes, le Soleil se lève de plus en plus tôt en hiver et au printemps. Les variations de l'heure de lever ralentissent ensuite progressivement et le Soleil finit par se lever de plus en plus tard tout au long de l'été et du printemps. Cependant, les levers les plus tardifs et les plus tôt n'ont pas lieu aux solstices : dans l'hémisphère nord, le Soleil se lève au plus tard début janvier et au plus tôt vers la mi-juin. La différence entre les deux horaires atteint plusieurs heures.

Aux latitudes élevées, au-delà du cercle polaire arctique et antarctique, il existe une période où le Soleil reste constamment au-dessus de l'horizon et une autre où il est situé en dessous de l'horizon. Dans les deux cas, le lever de soleil ne se produit plus.

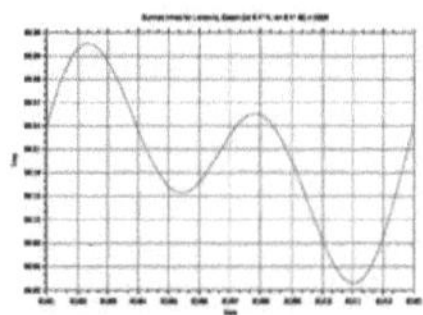
Libreville, Gabon, est située près de l'équateur : l'heure du lever de soleil croît et décroît deux fois par an, mais les variations ne dépassent pas une demi-heure.

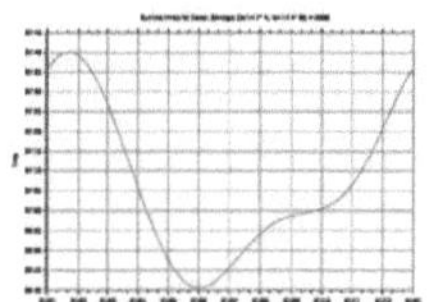
Dakar, Sénégal, est située par 14,7° de latitude nord : en septembre, l'horaire de lever marque une pause avant de devenir à nouveau plus tardif.

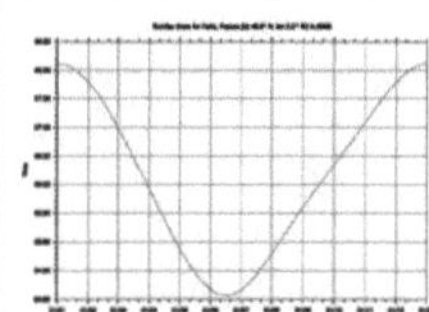
Paris, France : l'heure du lever croît et décroît une fois par an. Le lever le plus tardif a lieu vers le 1er janvier ; le plus tôt vers le 17 juin, 4 heures plus tôt.

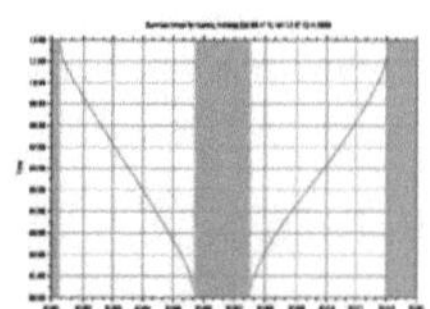
Narvik, Norvège, au-delà du cercle polaire arctique : le Soleil reste au-dessus de l'horizon de fin mai à mi-juillet et ne se lève plus de début décembre à début janvier.

Orientation

Du fait de l'inclinaison de l'axe de la Terre, dans l'hémisphère nord, les levers de soleil se produisent toujours dans le quadrant nord-est entre l'équinoxe de mars et celle de septembre, et dans le quadrant sud-est entre l'équinoxe de septembre et celle de mars. C'est le contraire dans l'hémisphère sud.

L'azimuth du Soleil au lever n'est réellement égal à l'est qu'aux équinoxes ; pendant le reste de l'année, il évolue au sud et au nord de cette position.

Couleur

La couleur du ciel, pendant toute la durée du jour, est provoquée par diffusions Rayleigh et Mie de la lumière solaire dans l'atmosphère.

Lever de soleil en Jamaïque.

La diffusion Rayleigh provoque les teintes bleues, violettes et vertes du ciel. Les couleurs caractéristiques du lever de soleil sont causées par diffusion de Mie de sa lumière par les particules de poussière, suie, fumée et cendre en suspension dans l'atmosphère : lorsque le Soleil est près de l'horizon, sa lumière traverse une plus grande épaisseur d'atmosphère et est donc plus susceptible d'être diffusée.

Du fait de la réfraction de sa lumière par l'atmosphère, le lever de soleil peut être précédé d'un rayon vert, voire bleu.

Notes et références

[1] **[PDF]** Teo Shin Yeow, « The Analemma for Latitudinally-Challenged People (http://www.math.nus.edu.sg/aslaksen/projects/tsy.pdf) », Université nationale de Singapour, 2001/2002. Consulté le 30/12/2007

Voir aussi

Articles connexes

- Jour
- Durée du jour
- Équation du temps
- Analemme
- Coucher de soleil
- Aube
- Crépuscule

Liens externes

- Lever, coucher et passage au méridien des corps du système solaire (http://www.imcce.fr/page.php?nav=fr/ephemerides/phenomenes/rts/), Institut de mécanique céleste et de calcul des éphémérides. Consulté le 10/03/2009
- **(en)** US Naval Observatory (http://www.usno.navy.mil/USNO/astronomical-applications/data-services/rs-one-day-us) : Calcul des heures de lever et de coucher du Soleil et de la Lune pour toute ville des USA et toute date, par l'Observatoire naval des États-Unis

Jour

Le **jour** ou la **journée** est l'intervalle de temps qui sépare le lever du coucher du Soleil. C'est la période entre deux nuits, pendant laquelle les rayons du Soleil éclairent le ciel. Son début (par rapport à minuit heure locale) et sa durée dépendent de l'époque de l'année et de la latitude ; ainsi, le *jour* peut durer 6 mois aux pôles terrestres.

Par extension, le *jour* ou la *journée* est l'ensemble d'un jour et d'une nuit consécutifs.

C'est aussi l'intervalle qui sépare un moment de son lendemain à la même heure au même endroit, par exemple entre le 1er janvier à 13 h et le 2 janvier à 13 h la même année. On parlera parfois dans ce cas de *jour courant* ou *journée glissante*.

Les jours de la semaine portent en français les noms lundi, mardi, mercredi, jeudi, vendredi, samedi et dimanche.

Étymologie

Du substantif latin *diurnum*, synonyme de dies « jour » à la basse époque, attesté au Ier siècle aux sens de « ration, salaire journaliers » et de « registre où sont consignés les actes du peuple et du Sénat ; registre de comptes ». C'est une substantivation de l'adjectif diurnus « journalier, quotidien ». Le mot latin est lui-même issu de la racine indo-européenne **dei-* qui signifie « briller » et qui a donné le sanskrit (dyāuḥ), « ciel lumineux » des divinités, puis le latin *diēs*[1] .

La racine indo-européenne se retrouve dans les noms de Zeus et des Dioscures, tandis que la racine latine se retrouve dans l'ancien provençal *jorn* (XIIe s. ds RAYN.), l'italien *giorno*, le catalan *jorn* ; du latin classique dies « jour de 24 heures; jour (opposé à la nuit) », viennent l'ancien français di (842, Serments, éd. HENRY Chrestomathie, p. 2,), l'ancien provençal dia (ca 1060, Chanson de Sainte Foy), di (début XIe s. Boèce, 176 : ms. dias, mais la versification exige dis), l'italien *dia, di*[2] . L'ancien français di se maintient dans le mot *midi* et les noms des jours (lundi, mardi, etc.).

Science

Unité de temps

Le *jour* est aussi une unité de temps qui, bien qu'en dehors du système international (SI), est en usage avec lui. Il vaut exactement 86 400 secondes et son symbole est « *j* » ou « *d* » (du latin *diurnus*). Le symbole *j* est un symbole français alors que le symbole **d** est international (cf. le site du Bureau International des Poids et Mesures [3]).

Jour solaire

Le *jour solaire* est le temps mis par la Terre pour faire un tour sur elle-même du point de vue du Soleil. Autrement dit, le *jour solaire* est le temps séparant deux passages consécutifs du Soleil au méridien d'un lieu. Cette durée combine la rotation de la Terre sur elle-même et le déplacement de la Terre sur son orbite. Il y a 365 ou 366 jours dans une année (cf. temps solaire).

Selon les pays, un jour est divisé en 24 heures, de zéro heure à minuit ou en 2 fois 12 heures. Dans ce dernier cas, il faut alors préciser s'il s'agit d'une heure du matin (*am* pour *ante meridiem* en latin) ou de l'après-midi (*pm* pour *post meridiem* en latin).

En France, on est passé de 2 fois 12 heures à 1 fois 24 heures le 1er juin 1912.

Variation de long terme

À cause de la Lune et de la dissipation d'énergie que constituent les marées, la vitesse de rotation de la Terre sur elle-même diminue. La durée du jour augmente donc, au rythme d'environ 2 millisecondes par siècle. De ce fait, il y a 100 millions d'années, l'année durait 380 jours. La Lune s'éloignant de la Terre, cet effet d'allongement des jours est de moins en moins rapide car la force exercée par la Lune sur la Terre est inversement proportionnelle au carré de la distance qui les sépare.

Calendrier

Jour concurrent

En astronomie, le mot concurrent est donné aux jours qu'il faut ajouter aux 52 semaines pour faire correspondre l'année civile avec l'année solaire[4],[5] .

Les années communes sont composées de 52 semaines et un jour, les années bissextiles à 52 semaines et 2 jours. Ce jour ou ces deux jours sont appelés *concurrents* parce qu'il concourrent avec le cycle solaire et qu'ils en suivent le cours.

La 1re année on ajoute 1 jour, la 2e 2, la 3e 3, la 4e 4, la 5e 5, la 6e 7, la 7e 1, la 8e 2, la 9e 4 au lieu de 3 parce que c'est une année bissextile. Après 7, on revient à 1 parce qu'il n'y a que 7 concurrents, autant que de jours de la semaine. Quand il y a une année bissextile on ajoute 2 à l'année précédente au lieu de 1.

Chaque jour concurrent est associé à une lettre dominicale : A, B, C, D, E, F, et G.

Le concurrent 1 correspond à la lettre dominicale F
Le concurrent 2 correspond à la lettre dominicale E
Le concurrent 3 correspond à la lettre dominicale D
Le concurrent 4 correspond à la lettre dominicale C
Le concurrent 5 correspond à la lettre dominicale B
Le concurrent 6 correspond à la lettre dominicale A

Le concurrent 7 correspond à la lettre dominicale G
Dans le calendrier Julien, les concurrents sont parfois appelés *epacta solis* ou *epacta majoris* pour les distinguer des épactes de a lune ou plus simplement épacte.

M. de Marca a écrit : "L'usage des concurrents fut introduit pour trouver par leur moyen et des réguliers des calendes de chaque mois,le propre jour de la semaine, ce que les Chrétiens inventèrent dès le temps du concile de Nicée, pour savoir déterminément le jour de Pâques, lequel devant être célébré le dimanche en l'honneur de la Résurrection, et non le vendredi ... il était nécessaire d'inventer un ordre perpétuel pour indiquer avec assurance lapremière série. En Occident, on y a pourvu fort aisément par le moyen des lettres dominicales, ainsi que Bède l'a expliqué il y a plus de mille ans. Mais les Chrétiens orientaux qui n'ont point la méthode des lettres alphabétiques pour marquer les sept jours de la semaine, sont obligés d'avoir recours à un moyen plus subtil, qui est celui des concurrents et des réguliers"[6].

Droit

Militaire

Au XVIIIe siècle, le terme signifie bataille ou combat: ainsi l'on dit, la journée de Parme, la journée de Guastalla[7].

Travail

La journée s'entend en termes de journée de travail: le travail d'un homme pendant un jour. De là les expressions "travaille à la journée", "Louer des gens à la journée", "Perdre sa journée"

Au XVIIIe siècle, en terme d'architecture et de construction, « il y a de trois sortes de journées : la journée de l'Entrepreneur , qui ne regarde que la peine et fatigue des ouvriers qu'il emploie. la journée bourgeoise , qui s'entend de l'ouvrage sous la conduite d'un homme de la part du Bourgeois sans Entrepreneur la journée du Roi , qui est pour les ouvrages extraordinaires qui ne se peuvent Apprécier, à cause de leurs changements, comme les modèles d'architecture, de peinture et de sculpture. La journée des Ouvriers est ordinairement depuis cinq heures du matin jusqu'à sept du soir[7] ».

La journée de 8 heures, ou revendication à travailler au maximum 8 heures par jour, est une revendication historique du mouvement ouvrier dans tous les pays.

Jour franc

En droit, un jour franc est une durée de vingt-quatre heures débutant à partir de zéro heure. Le délai ne court qu'à partir de la fin du jour de référence.

Par exemple, l'article L. 121-20 du code de la consommation[8] prévoit que, lors d'une prestation de vente à distance, « le consommateur dispose d'un délai de sept jours francs pour exercer son droit de rétractation ». S'il reçoit les biens commandés un mardi, il pourra donc exercer son droit de rétractation jusqu'au mardi suivant au soir.

Références

[1] Alain Rey, *Dictionnaire historique de la langue française*, Ed. Les Dictionnaires Le Robert, 1998, p. 1925.
[2] (http://atilf.atilf.fr/dendien/scripts/tlfiv5/affart.exe?19;s=835648515;?b=0;)ATILF, trésor de la langue française informatisé
[3] http://www1.bipm.org/
[4] Google Livres : A.-L. d'Harmonville, *Dictionnaire des dates, des faits, des lieux et des hommes historiques ou Les tables de l'Histoire. Répertoire alphabétique de l'histoire universelle*, Tome 1, Paris, 1842 (http://books.google.fr/books?id=-Q4uAAAAQAAJ&pg=PA720)
[5] **(en)** Catholic encyclopedia : Domenical letters (http://www.newadvent.org/cathen/05109a.htm)
[6] Google Livres : Charles-Joseph Panckoucke, *Encyclopédie méthodique: Antiquités, Mythologie, Diplomatique des Chartres, et chronologie*, Tome second, Paris et Liège, 1788 (http://books.google.fr/books?id=BkdscOx3h2EC&pg=PA141)
[7] François-Alexandre Aubert de La Chesnaye-Desbois, Gissey, Bordelet (Veuve.), David (Veuve.). Dictionnaire militaire, portatif, contenant tous les termes propres a la guerre. Duchesne, 1758. (Livre numérique Google (http://books.google.be/books?id=wI0NAAAAQAAJ&dq=code des entrepreneurs et architectes construction&hl=fr&pg=PA467#v=onepage&q&f=false))
[8] Article L. 121-20 du code de la consommation (http://www.legifrance.gouv.fr/affichCodeArticle.do?idArticle=LEGIARTI000006292048).

Voir aussi

Articles connexes

- Diurne : qui se passe pendant la journée
- Nuit
- Semaine
- Quantième
- Jour julien
- Journée internationale

Liens externes

- **(fr)** Le lever, le coucher du soleil et la durée de la journée, toute l'année, n'importe où (http://ptaff.ca/soleil/)
- **(en)** Comment calculer la durée de la journée (http://herbert.gandraxa.com/herbert/lod.asp)

Palettes et portails

mrj:Кечӹ (календарь) rue:День

Soleil

Soleil ⊙

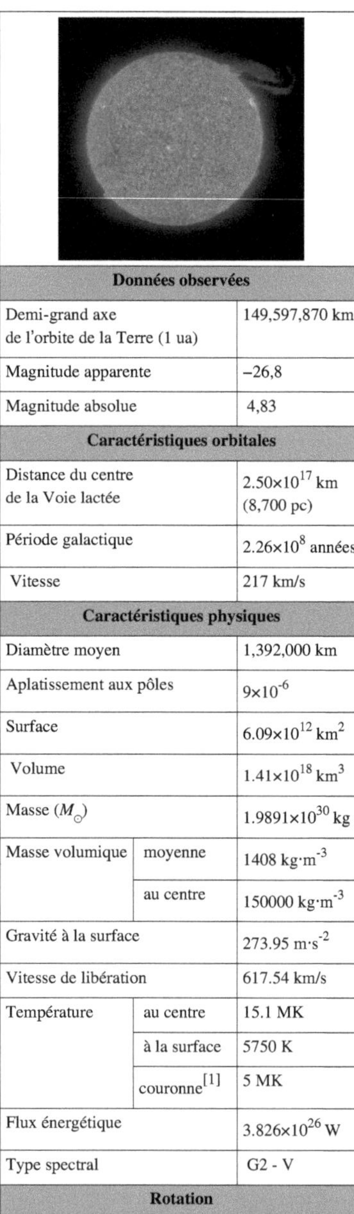

Données observées		
Demi-grand axe de l'orbite de la Terre (1 ua)		149,597,870 km
Magnitude apparente		−26,8
Magnitude absolue		4,83
Caractéristiques orbitales		
Distance du centre de la Voie lactée		2.50×10^{17} km (8,700 pc)
Période galactique		2.26×10^{8} années
Vitesse		217 km/s
Caractéristiques physiques		
Diamètre moyen		1,392,000 km
Aplatissement aux pôles		9×10^{-6}
Surface		6.09×10^{12} km^2
Volume		1.41×10^{18} km^3
Masse ($M_\odot$)		1.9891×10^{30} kg
Masse volumique	moyenne	1408 kg·m^{-3}
	au centre	150000 kg·m^{-3}
Gravité à la surface		273.95 m·s^{-2}
Vitesse de libération		617.54 km/s
Température	au centre	15.1 MK
	à la surface	5750 K
	couronne[1]	5 MK
Flux énergétique		3.826×10^{26} W
Type spectral		G2 - V
Rotation		

Inclinaison de l'axe	/écliptique	7,25°
	/plan Galaxie	67,23°
Vitesse, latitude 0		7,008.17 km·h^{-1}
Période de rotation	latitude 0 °	24 j
	latitude 30 °	28 j
	latitude 60 °	30,5 j
	latitude 75 °	31,5 j
	moyenne	27,28 j
Composition photosphérique (en masse)		
Hydrogène		73,46 %
Hélium		24,85 %
Oxygène		0,77 %
Carbone		0,29 %
Fer		0,16 %
Néon		0,12 %
Azote		0,09 %
Silicium		0,07 %
Magnésium		0,05 %
Soufre		0,04 %

Le **Soleil** (*Sol* en latin, *Helios* ou Ἥλιος en grec) est l'étoile centrale du système solaire. Dans la classification astronomique, c'est une étoile de type naine jaune, composée d'hydrogène (74 % de la masse ou 92,1 % du volume) et d'hélium (24 % de la masse ou 7,8 % du volume)[2] . Autour de lui gravitent la Terre, et sept autres planètes, au moins cinq planètes naines, de très nombreux astéroïdes et comètes et une bande de poussière. Le Soleil représente à lui seul 99,86 % de la masse du système solaire ainsi constitué, Jupiter représentant plus des deux tiers de tout le reste.

L'énergie solaire transmise par rayonnement rend possible la vie sur Terre par apport de chaleur et de lumière, permettant la présence d'eau à l'état liquide et la photosynthèse des végétaux. La polarisation naturelle de la lumière solaire, après diffusion ou réflexion, par la Lune ou par des matériaux tels que l'eau ou les cuticules végétales est utilisée par de nombreuses espèces pour s'orienter dans l'espace.

Le rayonnement solaire est aussi responsable des climats et de la plupart des phénomènes météorologiques observés sur notre planète.

En effet, le bilan radiatif global de la Terre est tel que la densité thermique à la surface de la Terre est en moyenne à 99,97 % ou 99,98 % d'origine solaire[3] . Comme pour tous les autres corps, ces flux thermiques sont continuellement émis dans l'espace, sous forme de rayonnement thermique infrarouge ; la Terre restant ainsi en « équilibre dynamique ».

Le Soleil fait partie d'une galaxie constituée de matière interstellaire et d'environ 234 milliards d'étoiles (estimation 2009)[4] : la Voie lactée. Il se situe à 15 parsecs du plan équatorial du disque, et est distant de 8500 parsecs (environ 26000 années-lumière) du centre galactique.

Le demi-grand axe de l'orbite de la Terre autour du Soleil (improprement appelé « distance de la Terre au Soleil ») 149597870 km, est la définition originale de l'unité astronomique (ua). Il faut 8 minutes (et une vingtaine de secondes) pour que la lumière du Soleil parvienne jusqu'à la Terre[5] .

Le symbole astronomique et astrologique du Soleil est un cercle avec un point en son centre : .

Origine et étymologie du terme

Soleil provient du latin populaire *soliculus*, dérivé du latin classique *sol, solis* désignant l'astre et la divinité, mais aussi employé par métaphore en poésie pour « jour, journée » et par analogie aux sens de « plein jour », de « vie publique » et de « grand homme » (voir le Roi Soleil)[6] . Ces différents sens se retrouvent dans de nombreuses périphrases qui le caractérisent : *l'œil du ciel, le maître des astres, l'âme du monde, le seigneur des étoiles, le père du jour, le fils aîné de la nature, le grand flambeau*, etc.

Présentation générale

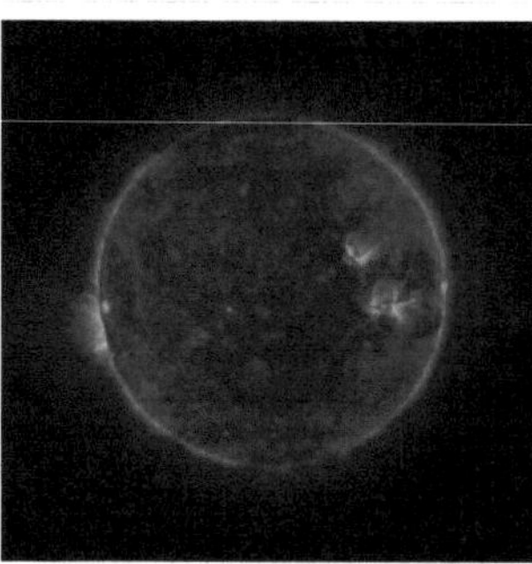

Le Soleil tel que vu dans l'ultraviolet « lointain » (UVC)
(image en « fausses couleurs »).
: la chromosphère et les protubérances sont les sources essentielles, bien plus chaudes que « la surface » (la photosphère).

Le Soleil est une étoile naine jaune qui se compose de 74 % d'hydrogène, de 24 % d'hélium et d'une fraction d'éléments plus lourds. Le Soleil est de type spectral G2–V. « G2 » signifie qu'il est plus chaud (5770 kelvins en surface environ) et plus brillant que la moyenne, avec une couleur jaune tirant sur le blanc. Son spectre renferme des bandes de métaux ionisés et neutres, ainsi que de faibles bandes d'hydrogène. Le suffixe « V » (ou « classe de luminosité ») indique qu'il évolue actuellement, comme la majorité des étoiles, sur la séquence principale du diagramme de Hertzsprung-Russell : il tire son énergie de réactions de fusion nucléaire qui transforment, dans son noyau, l'hydrogène en hélium, et se trouve dans un état d'équilibre hydrostatique, ne subissant ni contraction, ni dilatation continuelles.

Il existe dans notre galaxie plus de 100 millions d'étoiles de type spectral identique, ce qui fait du Soleil une étoile assez ordinaire, bien qu'il soit en fait plus brillant que 85 % des étoiles de la Galaxie, qui sont en majorité des naines rouges[7] .

Le Soleil gravite autour du centre de la Voie lactée dont il est distant d'environ 25 à 28000 années-lumière. Sa période de révolution galactique est d'environ 220 millions d'années, et sa vitesse de 217 $km{\cdot}s^{-1}$, équivalente à une année-lumière tous les 1400 ans (environ), et une unité astronomique tous les 8 jours[8] .

Dans cette révolution galactique, le Soleil, comme les autres étoiles du disque, a un mouvement oscillant autour du plan galactique : l'orbite galactique solaire présente des ondulations sinusoïdales perpendiculaires à son plan de révolution. Le Soleil traverserait ce plan tous les 30 millions d'années environ, d'un côté puis de l'autre — sens Nord-Sud galactique, puis inversement — et s'en éloignerait au maximum de 230 années-lumière environ, tout en restant dans le disque galactique. La masse du disque galactique attire les étoiles qui auraient un plan de révolution différent de celui du disque galactique[9] .
Actuellement, le système solaire se situerait à 48 années-lumière au dessus (au nord) du plan galactique et en phase ascendante à la vitesse de 7 km/s[10] .

Le Soleil tourne également sur lui-même, avec une période de 27 jours terrestres environ. En réalité, n'étant pas un objet solide, il subit une rotation différentielle : il tourne plus rapidement à l'équateur (25 jours) qu'aux pôles (35 jours). Le Soleil est également en rotation autour du barycentre du système solaire, ce dernier se situant à un peu plus d'un rayon solaire du centre de l'étoile (hors de sa surface), en raison de la masse de Jupiter (environ un millième de la masse solaire).

Les grandes dates

La plus ancienne éclipse solaire répertoriée date de 1223 av. J.-C., elle est représentée sur une table d'argile dans la cité d'Ugarit (aujourd'hui en Syrie). Vers 800 av. J.-C., a eu lieu la première observation plausible d'une tâche solaire en Chine. Environ 400 ans après, en 400 av. J.-C., les premières civilisations pensaient que la Terre était plate et que le Soleil était un dieu.

Le philosophe grec, Anaxagore, avance l'idée que le Soleil est un corps grand, éloigné de la Terre. Il estime son rayon à 56 km. Ses idées vont à l'encontre des croyances de son temps, ce qui lui vaut d'être menacé puis finalement exilé d'Athènes.

La première tentative de calcul mathématique de la distance Terre-Soleil, en 200 av. J.-C., par Aristarque de Samos. Claude Ptolémée déclare en 150 ap. J.-C., que la Terre est un corps stationnaire au centre de l'Univers. Selon lui, ce sont le Soleil, la Lune et les autres planètes qui tournent autour de la Terre.

Plus proche de notre époque, en 1543, Copernic présente son modèle d'Univers dans lequel le Soleil est au centre et les planètes tournent autour de lui.

En 1610, Galilée observe les taches solaires avec son télescope.

Peu de temps après, en 1644, Descartes énonce une théorie selon laquelle le Soleil est une étoile parmi bien d'autres. Entre 1645 et 1715, se trouve la période durant laquelle on observa peu de taches solaires, on appelle cette période « le minimum de Maunder ».

L'astronome français Pierre-Simon de Laplace énonce en 1796, l'hypothèse de la nébuleuse selon laquelle le Soleil et le Système solaire sont nés de l'effondrement gravitationnel d'un grand nuage de gaz diffus.

C'est en 1845 que la première image du Soleil fut prise, par les physiciens français Hippolyte Fizeau et Léon Foucault. La première relation entre l'activité solaire et géomagnétique eu lieu en 1852 (première observation 1859 par l'astronome amateur Richard Carrington).

L'observation de l'éclipse solaire totale de 1860 permet le premier enregistrement d'une éjection de masse coronale.

Au siècle dernier, en 1908, premier enregistrement des champs magnétiques des taches solaires par l'astronome américain George Ellery Hale. Onze ans après, en 1919, les lois de la polarité de Hale fournissent une preuve du cycle magnétique solaire. En 1942, première observation d'une émission d'ondes radio solaires. En 1946, première observation de rayons ultraviolets (UV) solaires à l'aide d'une fusée sonde, et évaluation de la température de la couronne à 2 millions de °C, à l'aide des raies spectrales. La première observation des rayons X solaires à l'aide d'une fusée sonde date de 1949. En 1954 on s'aperçoit que l'intensité des rayons provenant du Soleil varie sur un cycle solaire de 11 ans. Observation massive de taches solaires en 1956. Première observation du vent solaire en 1963, par la sonde Mariner 2. 1973 et 1974, Skylab observe le Soleil et découvre les trous coronaires. En 1982 la première observation des neutrons d'une tache solaire par la sonde SMM (Solar Maximum Mission). Et pour finir, en 1994 et 1995, Ulysse (sonde lancée par la navette Discovery en 1990) survole les régions polaires du Soleil.

Histoire naturelle

Le Soleil est une étoile âgée de 4.6 milliards d'années, soit un peu moins de la moitié de son chemin sur la séquence principale[11] . On admet généralement qu'il s'est formé par l'effondrement gravitationnel d'une nébuleuse sous l'effet des ondes de choc produites par une (ou plusieurs) supernova(s), dont elle(s)-même(s) étai(en)t peut-être issue(s).

Dans son état actuel, le cœur du Soleil produit à chaque seconde une énergie équivalente à plus de 4 millions de tonnes de matière (de masse), qui est transmise aux couches supérieures de l'astre et émise dans l'espace sous forme de rayonnement électromagnétique (lumière, rayonnement solaire) et de flux de particules (vent solaire).

Durant les 7.6 milliards d'années[12] à venir, le Soleil épuisera petit à petit ses réserves d'hydrogène ; sa brillance augmentera d'environ 7 % par milliard d'années, à la suite de l'augmentation du rythme des réactions de fusion par la lente contraction du cœur.

Lorsqu'il sera âgé de plus de 12 milliards d'années, l'équilibre hydrostatique sera rompu. Le noyau se contractera et s'échauffera fortement tandis que les couches superficielles, dilatées par le flux thermique croissant et ainsi partiellement libérées de l'effet gravitationnel, seront progressivement repoussées : le Soleil se dilatera et se transformera en géante rouge. Au terme de ce processus, le diamètre du Soleil sera environ 100 fois supérieur à l'actuel ; il dépassera l'orbite de Mercure et de Vénus. La Terre, si elle subsiste encore, ne sera plus qu'un désert calciné.

C'est durant cette phase de gonflement que son cœur en contraction arrivera aux environs de 100 millions de kelvins, initiant les réactions de fusion de l'hélium (voir : réaction triple-alpha). La cendre (d'hélium) deviendra elle-même carburant, le cœur du Soleil sera lancé dans un second cycle de fusion. Néanmoins cet allumage sera brutal (voir : flash de l'hélium), le réarrangement des couches du Soleil fera diminuer son diamètre jusqu'à ce qu'il se stabilise à une taille de plusieurs fois (jusqu'à 10 fois) sa taille actuelle, soit d'environ 10 millions de kilomètres de diamètre. Il sera devenu une sous-géante.

Son cœur fusionnera l'hélium principalement en carbone (et du carbone et de l'hélium en oxygène), alors qu'une couronne externe du cœur fusionnera l'hydrogène en hélium. La masse du Soleil est insuffisante pour qu'il explose en supernova. Environ 200 millions d'années plus tard, lorsque le cœur aura transformé tout l'hélium central en carbone et oxygène, le noyau s'effondrera de nouveau sur lui-même tandis que les couches superficielles seront de nouveau repoussées : le Soleil deviendra de nouveau une géante rouge, d'au moins la taille de l'orbite terrestre actuelle.

Enfin, les couches externes seront éjectées dans l'espace et donneront naissance à une nébuleuse planétaire. Les restes du cœur interne de l'étoile s'effondreront pour former une naine blanche d'une taille comparable à la Terre, qui pourra briller (faiblement) encore plusieurs milliards d'années (voire encore plus longtemps que toute sa séquence principale), période au cours de laquelle elle se refroidira lentement avant de s'éteindre définitivement, et devenir une naine noire.

Ce scénario est caractéristique des étoiles de faible à moyenne masse[13] ,[14] ; de ~0,5 à ~4 M.

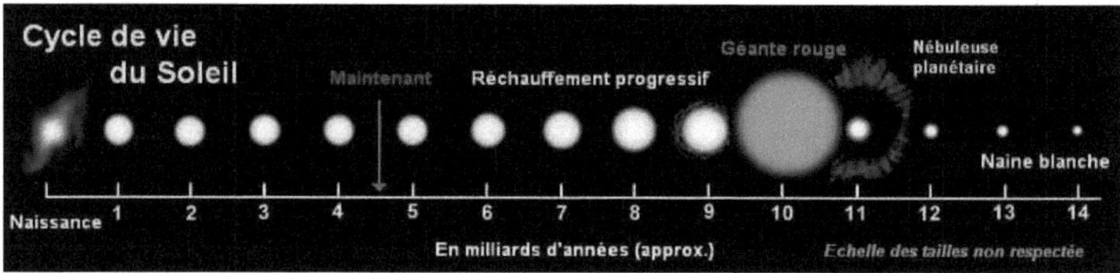

Cycle de vie du Soleil, il est similaire à celui d'une naine jaune. Diagramme trop court de 2 milliards d'années, il y manque aussi la « courte » phase de sous-géante.

Structure et fonctionnement

Bien que le Soleil soit une étoile de taille moyenne, il représente à lui seul près de 99,9 % de la masse du système solaire. Sa forme est presque parfaitement sphérique, avec un aplatissement aux pôles estimé à neuf millionièmes[15] , ce qui signifie que son diamètre polaire est plus petit que son diamètre équatorial de seulement dix kilomètres.

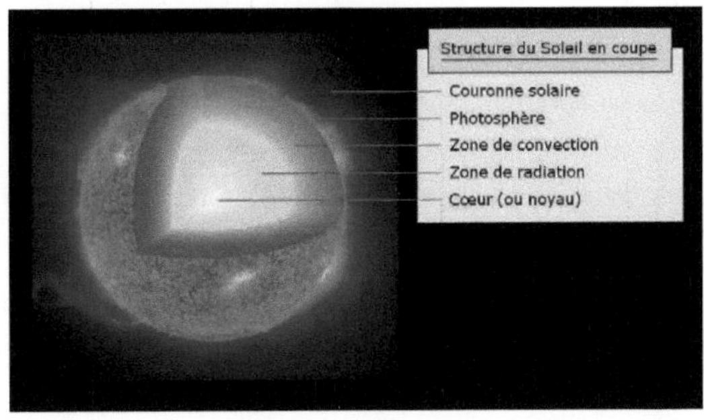

Structure du Soleil en coupe.

Contrairement aux objets telluriques, le Soleil n'a pas de limite extérieure bien définie. La densité de ses gaz chute de manière à peu près exponentielle à mesure que l'on s'éloigne de son centre. Par contre, sa structure interne est bien définie.

Le rayon du Soleil est mesuré de son centre jusqu'à la photosphère. La photosphère est la couche en-dessous de laquelle les gaz sont assez condensés pour être opaques et au-delà de laquelle ils deviennent transparents. La photosphère est ainsi la couche la plus visible à l'œil nu. La majeure partie de la masse solaire se concentre à 0.7 rayon du centre.

La structure interne du Soleil n'est pas observable directement. De la même façon que la sismologie permet, par l'étude des ondes produites par les tremblements de terre, de déterminer la structure interne de la Terre, on utilise l'héliosismologie pour mesurer et visualiser indirectement la structure interne du Soleil. La simulation informatique est également utilisée comme outil théorique pour sonder les couches les plus profondes.

Le cœur ou noyau

On considère que le cœur du Soleil s'étend du centre à environ 0,25 rayon solaire. Sa masse volumique est supérieure à 150000 $kg{\cdot}m^{-3}$ (150 fois la densité de l'eau sur Terre) et sa température approche les 15 millions de kelvins (ce qui contraste nettement avec la température de surface du Soleil, qui avoisine les 5800 kelvins). C'est dans le cœur que se produisent les réactions thermonucléaires exothermiques (fusion nucléaire) qui transforment, dans le cas du Soleil, l'hydrogène en hélium (voir, pour les détails de ces réactions, l'article chaîne proton-proton).

Environ 3.4×10^{38} protons (noyaux d'hydrogène) sont convertis en hélium chaque seconde, libérant l'énergie à raison de 4.26 millions de tonnes de matière « consommées » par seconde, produisant 383 yottajoules (383×10^{24} joules) par seconde, soit l'équivalent de l'explosion de 91.5×10^{15} tonnes de TNT.

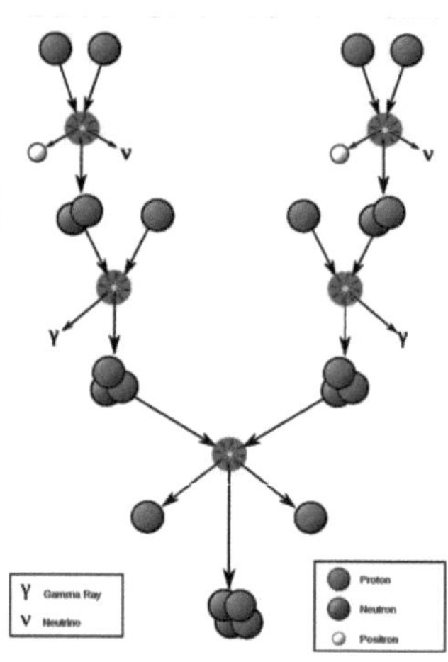

Le Soleil tire son énergie des réactions de fusion nucléaire qui transforment, en son noyau, l'hydrogène en hélium.

Le taux de fusion nucléaire est proportionnel à la densité du noyau, de façon que la fusion nucléaire au sein du cœur est un processus auto-régulé : toute légère augmentation du taux de fusion provoque un réchauffement et une dilatation du cœur qui réduit en retour le taux de fusion. Inversement, toute diminution légère du taux de fusion refroidit et densifie le cœur, ce qui fait revenir le niveau de fusion à son point de départ.

Le cœur est la seule partie du Soleil qui produise une quantité notable de chaleur par fusion : le reste de l'étoile tire sa chaleur uniquement de l'énergie qui en provient. La totalité de l'énergie qui y est produite doit traverser de nombreuses couches successives jusqu'à la photosphère, avant de s'échapper dans l'espace sous forme de rayonnement solaire ou de flux de particules.

L'énergie des photons de haute énergie (rayons X et gamma) libérés lors des réactions de fusion met un temps considérable pour traverser les zones de radiation et de convection avant d'atteindre la surface du Soleil. On estime que le temps de transit du cœur à la surface se situe entre 10000 et 170000 ans[16] . Après avoir traversé la couche de convection et atteint la photosphère, les photons s'échappent dans l'espace, en grande partie sous forme de lumière visible. Chaque rayon gamma produit au centre du Soleil est finalement transformé en plusieurs millions de photons lumineux qui s'échappent dans l'espace. Des neutrinos sont également libérés par les réactions de fusion, mais contrairement aux photons ils interagissent peu avec la matière et sont donc libérés immédiatement. Pendant des années, le nombre de neutrinos produits par le Soleil était mesuré plus faible d'un tiers que la valeur théorique : c'était le *problème des neutrinos solaires*, qui a été récemment résolu (en 1998) grâce à une meilleure compréhension du phénomène d'oscillation du neutrino.

La zone de radiation

La zone de radiation ou zone radiative se situe approximativement entre 0,25 et 0,7 rayon solaire. La matière solaire y est si chaude et si dense que le transfert de la chaleur du centre vers les couches les plus extérieures se fait par la seule radiation thermique. L'hydrogène et l'hélium ionisés émettent des photons qui voyagent sur une courte distance avant d'être réabsorbés par d'autres ions.Les photons de haute énergie (rayons X et gamma) libérés lors des réactions de fusion mettent un temps considérable pour atteindre la surface du Soleil, ralentis par l'interaction avec la matière et par le phénomène permanent d'absorption et de réémission à plus basse énergie dans le manteau solaire. On estime que le temps de transit de l'énergie d'un photon du cœur à la surface se situe entre 10000 et 170000 ans[16] . Dans cette zone, il n'y a pas de convection thermique car bien que la matière se refroidisse en s'éloignant du cœur, le gradient thermique reste inférieur au gradient thermique adiabatique. La température y diminue à 2 millions de kelvins.

La zone de convection

La zone de convection ou zone convective s'étend de 0,7 rayon solaire du centre à la surface visible du Soleil. Elle est séparée de la zone de radiation par une couche épaisse d'environ 3000 kilomètres, la tachocline, qui d'après les études récentes pourrait être le siège de puissants champs magnétiques et jouerait un rôle important dans la dynamo solaire. Dans la zone de convection la matière n'est plus ni assez dense ni assez chaude pour évacuer la chaleur par radiation : c'est donc par convection, selon un mouvement vertical, que la chaleur est conduite vers la photosphère. La température y passe de 2 millions à ~5800 kelvins. La matière parvenue en surface, refroidie, plonge à nouveau jusqu'à la base de la zone de convection pour recevoir la chaleur de la partie supérieure de la zone de radiation, etc. Les gigantesques cellules de convection ainsi formées sont responsables des granulations solaires observables à la surface de l'astre. Les turbulences survenant dans cette zone produisent un effet dynamo responsable de la polarité magnétique nord-sud à la surface du Soleil.

La photosphère

La photosphère vue à travers un filtre.

La photosphère est une partie externe de l'étoile qui produit entre autres la lumière visible. Elle est plus ou moins étendue : de moins de 0,1 % du rayon pour les étoiles naines, soit quelques centaines de kilomètres ; à quelques dizaines de pourcent du rayon de l'étoile pour les plus géantes, ce qui leur donnerait un contour *flou* contrairement au Soleil aux bords nets.

La lumière qui y est produite contient toutes les informations sur la température, la gravité de surface et la composition chimique de l'étoile. Pour le Soleil, la photosphère a une épaisseur d'environ 400 kilomètres. Sa température moyenne est de 6000 K. Elle permet de définir la température effective qui pour le Soleil est de 5781 K. Sur l'image de la photosphère solaire on peut voir l'assombrissement centre-bord qui est une des caractéristiques de la photosphère. L'analyse du spectre de la photosphère solaire est très riche en information en particulier sur la composition chimique du Soleil.

L'atmosphère solaire

Au-delà de la photosphère la structure du Soleil est généralement connue sous le nom d'*Atmosphère solaire*. Elle comprend trois zones principales : la chromosphère, la couronne et l'héliosphère. La chromosphère est séparée de la photosphère par la *zone de température minimum* et de la couronne par une *zone de transition*. L'héliosphère s'étend jusqu'aux confins du système solaire où elle est limitée par l'héliopause. Pour une raison encore mal élucidée, la chromosphère et la couronne sont plus chaudes que la surface du Soleil. Bien qu'elle puisse être étudiée en détail par les télescopes spectroscopiques, l'atmosphère solaire n'est jamais aussi accessible que lors des éclipses totales de Soleil.

La chromosphère

La *zone de température minimum* qui sépare la photosphère de la chromosphère offre une température suffisamment basse (~4000 kelvins) pour qu'on y trouve des molécules simples (monoxyde de carbone, eau), détectables par leur spectre d'absorption. La chromosphère proprement dite est épaisse d'environ 2000 kilomètres. Sa température augmente graduellement avec l'altitude, pour atteindre un maximum de 100000 kelvins à son sommet. Son spectre est dominé par des bandes d'émission et d'absorption. Son nom, qui vient de la racine grecque *chroma* (couleur), lui a été donné en raison du flash rose soutenu qu'elle laisse entrevoir lors des éclipses totales de Soleil.

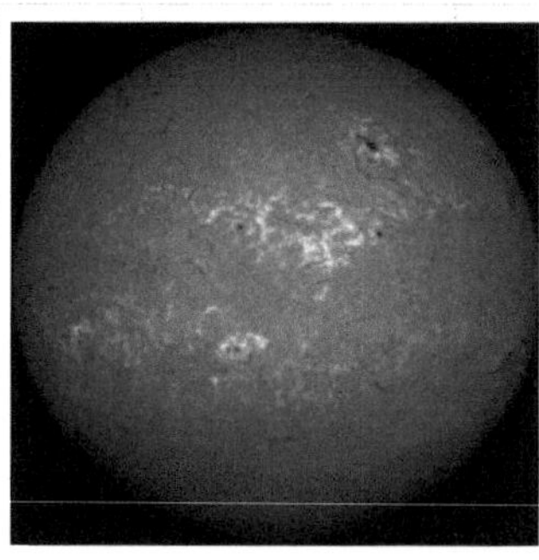

La chromosphère vue en analyse spectrale Hα.

La couronne

La *zone de transition* entre la chromosphère et la couronne est le siège d'une élévation rapide de température, qui peut approcher 1 million de kelvins. Cette élévation est liée à une transition de phase au cours de laquelle l'hélium devient totalement ionisé sous l'effet des très hautes températures. La zone de transition n'a pas une altitude clairement définie. Grossièrement, elle forme un halo surplombant la chromosphère sous l'apparence de spicules et de filaments. Elle est le siège d'un mouvement chaotique et permanent. Difficile à percevoir depuis la Terre malgré l'utilisation de coronographes, elle est plus aisément analysée par les instruments spatiaux sensibles aux rayonnements ultraviolets extrêmes du spectre.

Les éclipses totales de Soleil (ici celle du 11 août 1999) sont la seule occasion de visualiser directement la couronne (en blanc) et la chromosphère (en rose).

La couronne solaire est composée à 73 % d'hydrogène et à 25 % d'hélium. Les températures sont de l'ordre du million de degrés.

Bien plus vaste que le Soleil lui-même, la couronne solaire elle-même s'étend à partir de la zone de transition et s'évanouit progressivement dans l'espace, mêlée à l'héliosphère par les vents solaires. La couronne inférieure, la plus proche de la surface du Soleil, a une densité particulaire comprise entre 1×10^{14} m^{-3} et 1×10^{16} m^{-3}, soit moins d'un milliardième de la densité particulaire de l'atmosphère terrestre au niveau de la mer. Sa température, qui peut atteindre les 5 millions de kelvins, contraste nettement avec la température de la photosphère. Bien qu'aucune théorie n'explique encore complètement cette différence, une partie de cette chaleur pourrait provenir d'un processus de reconnexion magnétique.

L'héliosphère

Débutant à environ 20 rayons solaires (0.1 ua) du centre du Soleil, l'héliosphère s'étend jusqu'aux confins du système solaire. On admet qu'elle débute lorsque le flux de vent solaire devient plus rapide que les ondes d'Alfvén (le flux est alors dit *superalfvénique*) : les turbulences et forces dynamiques survenant au-delà de cette frontière n'ont pas d'influence sur la structure de la couronne solaire, car l'information ne peut se déplacer qu'à la vitesse des ondes d'Alfvén. Le vent solaire se déplace ensuite en continu à travers l'héliosphère, donnant au champ magnétique solaire la forme d'une spirale de Parker jusqu'à sa rencontre avec l'héliopause, à plus de 50 ua du Soleil. En décembre 2004, Voyager 1 est devenue la première sonde à franchir l'héliopause. Chacune des deux sondes Voyager a détecté d'importants niveaux énergétiques à l'approche de cette frontière[17] .

L'activité solaire

Le champ magnétique solaire

Le Soleil est une étoile magnétiquement active. Le soleil étant une boule de gaz et de plasma, sa rotation n'est pas contrainte à une rotation solide. On peut ainsi observer une rotation différentielle selon la latitude. Cela signifie que la surface du Soleil tourne à une vitesse différente autour de son axe selon la latitude. Cette rotation est plus rapide à l'équateur qu'aux pôles. Différents effets magnétohydrodynamiques régissent cette rotation différentielle, mais il n'y a pas encore de consensus parmi les scientifiques pour expliquer la cause de cette rotation.

Vue d'artiste du champ magnétique solaire.

On appelle cycle solaire l'alternance de minima et de maxima d'activité solaire (apparition de tâches solaires, intensité et complexité du champ magnétique). Le cycle solaire reste inexpliqué aujourd'hui. On évoque certains modèles de dynamo pour y apporter des explications, mais aucun modèle auto-consistant n'est aujourd'hui capable de reproduire les cycles solaires.

Le vent solaire est un flux de particules issu de la couronne solaire en expansion. Une partie des particules de la couronne solaire possède une vitesse thermique suffisamment élevée pour dépasser la vitesse de libération gravitationnelle du soleil. Ils quittent alors la couronne en se dirigeant radialement dans l'espace interplanétaire. En raison du théorème du gel qui régit le comportement des plasmas très peu résistifs (MHD idéale) comme dans la couronne où le nombre de Reynolds magnétique est très élevé, le plasma (la matière) entraîne avec elle le champ magnétique. C'est ainsi que le vent solaire est muni d'un champ magnétique initialement radial. À partir de la distance d'Alfven, qui décrit l'équilibre des forces entre la réaction à la courbure des lignes de champs et le moment angulaire dû à la rotation du Soleil, le champ se courbe. Cette courbure est due à la rotation du Soleil. Il existe une analogie avec un arroseur rotatif produisant des jets d'eau dont les figures forment des spirales. Dans le cas du Soleil, cette spirale s'appelle spirale de Parker, du nom de celui qui l'a prédite dans les années 1950[18] .

Ce vent de particules et ce champ magnétique spiralé est le support de l'influence du Soleil autour du système solaire. C'est ainsi qu'est défini l'héliosphère.

Les taches solaires

Bien que tous les détails sur la genèse des taches solaires ne soient pas encore élucidés, il a été démontré (par l'observation de l'effet Zeeman) qu'elles sont la résultante d'une intense activité magnétique au sein de la zone de convection. Le champ magnétique, qui en est issu, freine la convection et limite l'apport thermique en surface à la photosphère, le plasma de la surface se refroidit et se contracte.

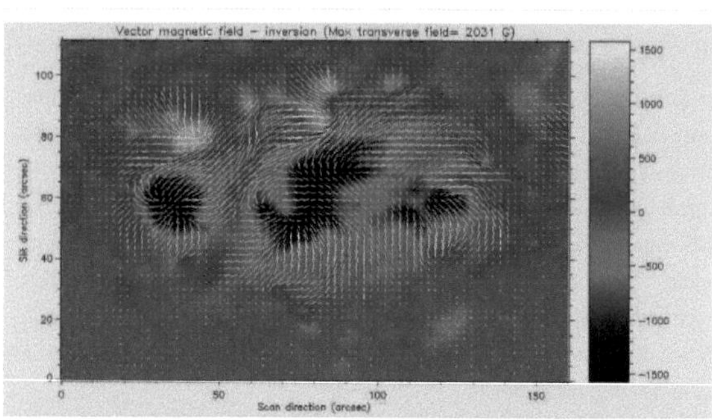

Le champ magnétique au niveau d'un groupe de taches froides de la photosphère solaire (intensité exprimée en Gauss). Les niveaux de couleur décrivent la composante du champ magnétique le long de la ligne de visée. Les traits blancs illustrent la composante du champ perpendiculaire à la ligne de visée. Image obtenue à partir d'observations du télescope solaire THEMIS[19] et traitée par BASS 2000[20] .

Les taches solaires sont des dépressions à la surface solaire. Elles sont ainsi moins chaudes de 1500 à 2000 kelvins que les régions voisines, ce qui suffit à expliquer pourquoi elles apparaissent, en contraste, bien plus sombres que le reste de la photosphère. Cependant, si elles étaient isolées du reste de la photosphère, les taches solaires, où règne malgré tout une température proche des 4000 kelvins, sembleraient 10 fois plus brillantes que la pleine lune. La sonde spatiale SoHO a permis de démontrer que les taches solaires répondent à un mécanisme proche de celui des cyclones sur Terre. On distingue deux parties au sein de la tache solaire : la zone d'ombre centrale (environ 4000 kelvins) et la zone de pénombre périphérique (environ 4700 kelvins). Le diamètre des taches solaires les plus petites est habituellement plus de deux fois supérieur à celui de la Terre. En période d'activité, il est parfois possible de les observer à l'œil nu sur le Soleil couchant, avec une protection oculaire adaptée.

La surveillance des taches solaires est un excellent moyen pour mesurer l'activité solaire et prédire ses répercussions terrestres. Une tache solaire a une durée de vie moyenne de deux semaines. Au XIXe siècle, l'astronome allemand Heinrich Schwabe fut le premier à tenir une cartographie méthodique des taches solaires, ce qui lui permit de mettre en évidence une périodicité temporelle de leurs occurrences. L'ensemble des mesures réalisées indique un cycle principal dont la période varie entre 9 et 13 ans (moyenne statistique 11.2). Dans chaque période apparait un maximum d'activité (où les taches se multiplient) et un minimum d'activité. Le dernier maximum d'activité a été enregistré en 2001, avec un groupe de taches particulièrement marqué (image). Le prochain minimum d'activité est prévu pour le premier semestre de 2007[21] .

Les éruptions solaires

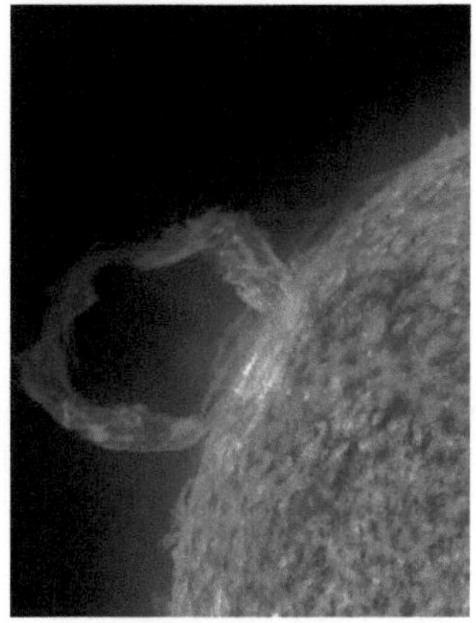

Une éruption solaire.

Effets terrestres de l'activité solaire

Les aurores polaires sont une manifestation spectaculaire de l'activité solaire.

Les **effets terrestres de l'activité solaire** sont multiples, le plus spectaculaire étant le phénomène des aurores polaires (également appelée aurore boréale dans l'hémisphère Nord et aurore australe dans l'hémisphère Sud). Une prévision de l´activité solaire est particulièrement importante en vue des missions spatiales. Une méthode reposant sur des relations entre plusieurs périodes consécutives a été établie par Wolfgang Gleißberg.

La Terre possède une magnétosphère qui la protège des vents solaires, mais lorsque ceux-ci sont plus intenses, ils déforment la magnétosphère et des particules solaires ionisées la traversent en suivant les lignes de champs. Ces particules ionisent et excitent les particules de la haute atmosphère. Le résultat de ces réactions est la création de nuages ionisés qui reflètent les ondes radios et l'émission de lumière visible par les atomes et molécules excités dans les aurores polaires.

Les vents solaires peuvent également perturber les moyens de communication et de navigation utilisant des satellites, en effet, les satellites à basse altitude peuvent être endommagés par l'ionisation de l'ionosphère.

Le système solaire

À lui seul, le Soleil représente 99,86 % de la masse totale du système solaire, les 0,14 % restants incluant les planètes (surtout Jupiter), dont la Terre.

Rapport de la masse du Soleil aux masses des planètes

Mercure	6,023,600	Jupiter	1,047
Vénus	408,523	Saturne	3,498
Terre et Lune	328,900	Uranus	22,869
Mars	3,098,710	Neptune	19,314

Le Soleil et l'être humain

Histoire des théories et de l'observation

Le philosophe grec Anaxagore fut un des premiers occidentaux à proposer une théorie scientifique sur le Soleil, avançant qu'il s'agissait d'une masse incandescente plus grande que le Péloponnèse et non le chariot d'Hélios. Cette audace lui valut d'être emprisonné et condamné à mort, même s'il fut plus tard libéré grâce à l'intervention de Périclès.

Au XVIe siècle, Copernic émit la théorie que la Terre tournait autour du Soleil, renouant par là avec l'hypothèse formulée par Aristarque de Samos au IIIe siècle av. J.-C. Au début du XVIIe siècle, Galilée inaugura l'observation télescopique du Soleil, observa les taches solaires, se doutant qu'elles se situaient à la surface de l'astre et qu'il ne s'agissait pas d'objets passant entre le Soleil et la Terre[22] . Près de cent ans plus tard, Newton décomposa la lumière solaire au moyen d'un prisme, révélant le spectre visible[23] , tandis qu'en 1800 William Herschel découvrit les rayons infrarouges[24] . Le XIXe siècle vit des avancées considérables, en particulier dans le domaine de l'observation spectroscopique du Soleil sous l'impulsion de Joseph von Fraunhofer, qui observa les raies d'absorption du spectre solaire, auxquelles il donna son nom.

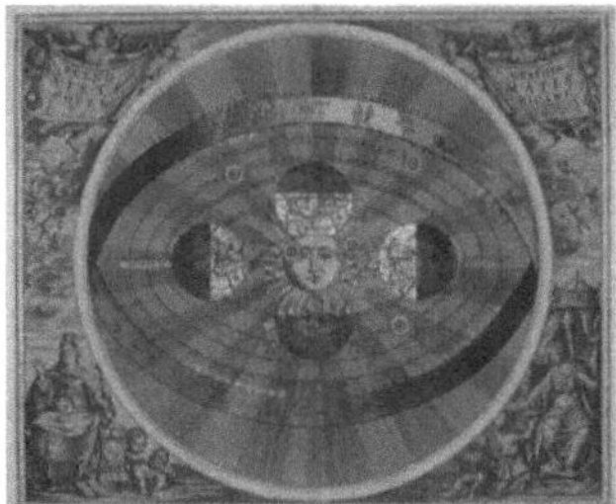

Rompant avec le géocentrisme, Copernic proposa la théorie héliocentrique qui plaçait le Soleil au centre de l'Univers.
Galilée et Kepler approfondirent ses travaux.

La source de l'énergie solaire fut la principale énigme des premières années de l'ère scientifique moderne. Dans un premier temps plusieurs théories furent proposées, mais aucune ne s'avéra vraiment satisfaisante. Lord Kelvin proposa un modèle suggérant que le Soleil était un corps liquide qui se refroidissait graduellement en rayonnant à partir d'une réserve de chaleur stockée en son centre[25] . Kelvin et Helmholtz tentèrent d'expliquer la production d'énergie solaire par la théorie connue sous le nom de mécanisme de Kelvin-Helmholtz. Malheureusement, l'âge estimé du Soleil d'après ce mécanisme n'excédait pas 20 millions d'années, ce qui était très inférieur à ce que laissait supposer la géologie. En 1890, Joseph Norman Lockyer, le découvreur de l'hélium, proposa une théorie météoritique sur la formation et l'évolution du Soleil[26] .

Il fallut attendre 1904 et les travaux d'Ernest Rutherford pour qu'enfin une hypothèse plausible soit offerte. Rutherford supposa que l'énergie était produite et entretenue par une source de chaleur interne et que la radioactivité était à la source de cette énergie[27] . En démontrant la relation entre la masse et l'énergie ($E=mc^2$), Albert Einstein apporta un élément essentiel à la compréhension du générateur d'énergie solaire. En 1920 Jean Perrin, suivi par Sir Arthur Eddington proposèrent la théorie selon laquelle le centre du Soleil était le siège de pressions et de températures extrêmes, permettant des réactions de fusion nucléaire qui transformaient l'hydrogène en hélium, libérant de l'énergie proportionnellement à une diminution de la masse[28] . La prépondérance de l'hydrogène dans le soleil fut confirmée en 1925 par Cecilia Payne-Gaposchkin. Ce modèle théorique fut complété dans les années 1930 par les travaux des astrophysiciens Subrahmanyan Chandrasekhar et Hans Bethe, qui décrivirent en détail les deux principales réactions nucléaires productrices d'énergie au cœur du Soleil[29] ,[30] . Pour finir en 1957, un article intitulé *Synthèse des Éléments dans les Étoiles*[31] apporta la démonstration définitive que la plupart des éléments rencontrés dans l'Univers se sont formés sous l'effet de réactions nucléaires au cœur d'étoiles telles que le Soleil.

Les missions spatiales solaires

Vue d'artiste du satellite *SolarMax*. Il observa la couronne solaire et les taches solaires de 1984 à 1989.

Les premières sondes conçues pour observer le Soleil depuis l'espace interplanétaire furent lancées par la NASA entre 1959 et 1968 : ce furent les missions *Pioneer 5, 6, 7, 8* et *9*. En orbite autour du Soleil à une distance similaire à celle de l'orbite terrestre, elles permirent les premières analyses détaillées du vent solaire et du champ magnétique solaire. *Pioneer 9* resta opérationnelle particulièrement longtemps et envoya des informations jusqu'en 1987[32].

Dans les années 1970, deux missions apportèrent aux scientifiques des informations capitales sur le vent solaire et la couronne solaire. La sonde germano-américaine *Helios 1* étudia le vent solaire depuis la périhélie d'une orbite plus petite que celle de Mercure. La station américaine *Skylab*, lancée en 1973, comportait un module d'observation solaire baptisé *Apollo Telescope Mount* et commandé par les spationautes embarqués dans la station. Skylab fit les premières observations de la zone de transition entre la chromosphère et la couronne et des émissions ultraviolettes de la couronne solaire. La mission permit également les premières observations d'éjections de masse coronale et de trous coronaux, phénomènes dont on sait aujourd'hui qu'ils sont intimement liés au vent solaire.

En 1980 la NASA lança le satellite *Solar Maximum Mission* (plus connu sous le nom de *SolarMax*), conçu pour l'observation des rayons gamma, X et ultraviolets émis par les éruptions solaires dans les périodes de forte activité solaire. Malheureusement quelques mois après son lancement, un dysfonctionnement électronique plaça le satellite en mode *standby*, et l'appareil resta inactif les trois années suivantes. En 1984 toutefois la mission *STS-41-C* du programme *Space Shuttle Challenger* intercepta le satellite et permit une réparation et un relancement. *SolarMax* put alors réaliser des milliers d'observations de la couronne solaire et des taches solaires jusqu'à sa destruction en juin 1989[33].

Le satellite japonais *Yohkoh* (*Rayon de Soleil*), lancé en 1991, observa les éruptions solaires aux longueurs d'onde des rayons X. Les données rapportées par la mission permirent aux scientifiques d'identifier différents types d'éruptions, et démontra que la couronne au-delà des régions de pics d'activité était bien plus dynamique et active qu'on l'avait supposé auparavant. *Yohkoh* suivit un cycle solaire entier mais tomba en panne à la suite d'une éclipse annulaire de Soleil le 14 décembre 2001. Il fut détruit en rentrant dans l'atmosphère en 2005[34].

Une des plus importantes missions solaires à ce jour est la *Solar and Heliospheric Observatory* ou SoHO, lancée conjointement par l'Agence spatiale européenne et la NASA le 2 décembre 1995. Prévue au départ pour deux ans, la mission SoHO est toujours active. Elle s'est avérée si performante qu'une mission de prolongement baptisée *Solar Dynamics Observatory* est envisagée pour 2008. Localisée au point de Lagrange entre la Terre et le Soleil (auquel la force d'attraction de ces deux corps célestes est égale), SoHO envoie en permanence des images du Soleil à différentes longueurs d'onde. En plus de cette observation directe du Soleil, SoHO a permis la découverte d'un grand nombre de comètes, principalement de très petites comètes effleurant le Soleil et détruites lors de leur passage, les comètes rasantes[35] .

Le « quasi »-satellite (lagrangien) SoHO. Lancé en 1995, la mission d'exploration solaire SoHO est l'une des plus importantes du genre. Elle est toujours en fonction en 2006.

Toutes les observations enregistrées par ces satellites sont prises depuis le plan de l'écliptique. En conséquence, ils n'ont pu observer en détail que les seules régions équatoriales du Soleil. En 1990 cependant la sonde *Ulysses* a été lancée pour étudier les régions polaires du Soleil. Elle fit d'abord route vers Jupiter et utilisa son assistance gravitationnelle pour se séparer du plan de l'écliptique. Par chance elle fut idéalement placée pour observer, en juillet 1994, la collision entre la comète Shoemaker-Levy 9 et Jupiter. Une fois sur l'orbite prévue, *Ulysses* étudia le vent solaire et la force du champ magnétique à des latitudes solaires élevées, découvrant que le vent solaire aux pôles était plus lent que prévu (750 $km{\cdot}s^{-1}$ environ) et que d'importantes ondes magnétiques en émergeaient, participant à la dispersion des rayons cosmiques[36] .

La mission *Genesis* fut lancée par la NASA en 2001 dans le but de capturer des parcelles de vent solaire afin d'obtenir une mesure directe de la composition de la matière solaire. Elle fut sévèrement endommagée lors de son retour sur Terre, le 10 septembre 2004, mais une partie des prélèvements a pu être sauvée et est actuellement en cours d'analyse.

La mission STEREO (*Solar TErrestrial RElation Observatories*) lancée le 25 octobre 2005 par la NASA a permis pour la première fois l'observation tridimensionnelle de notre étoile depuis l'espace. Composée de deux satellites quasiment identiques, cette mission doit permettre une meilleure compréhension des relations Soleil-Terre, en particulier en permettant l'observation des CME (Éjections de Masse Coronale) jusqu'à l'environnement électromagnétique terrestre.

Observation du soleil et dangers pour l'œil

Observation à l'œil nu

Regarder le Soleil à l'œil nu, même brièvement, est douloureux et même dangereux pour les yeux.

Un coup d'œil vers le Soleil entraîne des cécités partielles et temporaires (taches sombres dans la vision). Lors de cette action, environ 4 milliwatts de lumière frappent la rétine, la chauffant un peu, et éventuellement la détériorant. La cornée peut également être atteinte.

Soleil vu de la Terre.

L'exposition générale à la lumière solaire peut aussi être un danger. En effet, au fil des années, l'exposition aux UV jaunit le cristallin ou réduit sa transparence et peut contribuer à la formation de cataractes.

Observation avec un dispositif optique

Regarder le Soleil à travers les dispositifs optiques grossissants — par exemple des jumelles, un téléobjectif, une lunette astronomique ou un télescope — dépourvus de filtre adapté (filtre solaire) est extrêmement dangereux et peut rapidement provoquer des dommages irréparables à la rétine, au cristallin et à la cornée.

Avec des jumelles, environ 500 fois plus d'énergie frappe la rétine, ce qui peut détruire les cellules rétinales quasiment instantanément et entrainer une cécité permanente.

Une méthode pour regarder sans danger le Soleil est de projeter son image sur un écran en utilisant un télescope avec oculaire amovible (les autres types de télescopes peuvent être détériorés par ce traitement).

Les filtres utilisés pour observer le Soleil doivent être spécialement fabriqués pour cet usage. Certains filtres laissent passer les UV ou infrarouges, ce qui peut blesser l'œil. Les filtres doivent être placés sur la lentille de l'objectif ou l'ouverture, mais jamais sur l'oculaire car ses propres filtres peuvent se briser sous l'action de la chaleur.

Les films photographiques surexposés — et donc noirs — ne sont pas suffisants pour observer le Soleil en toute sécurité car ils laissent passer trop d'infrarouges. Il est recommandé d'utiliser des lunettes spéciales en Mylar, matière plastique noire qui ne laisse passer qu'une très faible fraction de la lumière.

Les éclipses

Les éclipses solaires partielles sont particulièrement dangereuses car la pupille se dilate en fonction de la lumière globale du champ de vision et non selon le point le plus brillant présent dans le champ. Durant une éclipse, la majeure partie de la lumière est bloquée par la Lune, mais les parties non cachées de la photosphère sont toujours aussi brillantes. Dans ces conditions, la pupille se dilate pour atteindre 2 à 6 millimètres et chaque cellule exposée au rayonnement solaire reçoit environ 10 fois plus de lumière qu'en regardant le Soleil sans éclipse ! Ceci peut endommager ou même tuer ces cellules, ce qui crée de petits points aveugles dans la vision[37].

Les éclipses sont encore plus dangereuses pour les observateurs inexpérimentés et les enfants car il n'y a pas perception de douleur lors de ces destructions de cellules. Les observateurs peuvent ne pas se rendre compte que leur vision est en train de se faire détruire.

Lever et coucher du Soleil

Durant l'aube et l'aurore, le rayonnement solaire est atténué par la diffusion de Rayleigh et la diffusion de Mie dues à un plus long passage dans l'atmosphère terrestre, à tel point que le Soleil peut être observé à l'œil nu sans grand danger. En revanche, il faut éviter de le regarder lorsque sa lumière est atténuée par des nuages ou la brume, car sa luminosité pourrait croître très rapidement dès qu'il en sortirait. Un temps brumeux, les poussières atmosphériques et la nébulosité sont autant de facteurs qui contribuent à atténuer le rayonnement.

Coucher de soleil.

Mythes, légendes et symbolique

Le Soleil est un symbole très puissant pour les hommes. Il occupe une place dominante dans chaque culture.

D'une façon générale, il est un principe masculin et actif. Toutefois, certains peuples nomades d'Asie centrale le considéraient comme un principe féminin (la Mère soleil) ; c'est aussi le cas des Japonais, pour qui le Soleil est le kami Amaterasu, la grande déesse, sœur de Tsukuyomi, le kami de la Lune. Même dans la langue allemande, le Soleil est féminin selon son article (*die* Sonne). Dans la mythologie nordique, les enfants de Mundilfari et Glaur sont Sol (déesse du Soleil) et Máni (dieu de la Lune), une idée que J. R. R. Tolkien a importée dans son œuvre.

Souvent, le Soleil représente le pouvoir. Cet astre donne la vie et si le Soleil venait à disparaitre, ou même si ses rayons ne nous parvenaient plus, la vie s'éteindrait sur Terre, d'où le symbole de vie (donneur de vie).

Dans l'Égypte antique, Râ (ou Rê) est le dieu Soleil (il était l'un des dieux les plus importants, voire le plus important) et Akhénaton en fera son dieu unique sous le nom d'Aton. Dans le Panthéon grec c'est Apollon, fils de Zeus et de la titane Léto. Citons aussi Hélios qui est la personnification du Soleil lui-même. Les Aztèques l'appelaient Huitzilopochtli, dieu du Soleil et de la guerre, le maitre du monde. S'il n'est pas associé à un dieu, des gens l'ont associé à eux-mêmes comme le roi de France Louis XIV surnommé le Roi-Soleil (couronné de Dieu). La famille impériale japonaise se targue de descendre d'Amaterasu, déesse du Soleil.

En alchimie, le symbole du Soleil et de l'or est un cercle avec un point au centre : ⊙ . Il représente l'intérieur avec tout ce qui gravite autour. En astronomie comme en astrologie, le symbole est le même.

Contrairement à l'apparence la plus souvent positive du Soleil, il peut aussi constituer un symbole de la torture et la dureté de la vie pour l'être humain qui lui est en proie sans protection, comme par exemple dans *L'Étranger* d'Albert Camus.

Notes et références

Notes

[1] Valeur maximale.

[2] Vidéo sur YouTube : euronews - space - Le soleil, ses cycles, ses tâches et ses explorateurs (http://www.youtube.com/watch?v=-xktVs9C2qk&feature=dir).

[3] Les 0,02 % ou 0,03 % restants proviennent de la chaleur issue de la Terre elle-même ; l'ensemble des activités humaines (actuelles) produisent une puissance de l'ordre de 0,01 % de celle de l'ensoleillement terrestre.

[4] Questions de lecteurs (http://www.larecherche.fr/content/recherche/article?id=6762), La Recherche. Consulté le 6 août 2011

[5] CEA - Jeunes - Thèmes - La physique - Le Soleil (http://www.cea.fr/jeunes/themes/la_physique/le_soleil)

[6] Alain Rey, Dictionnaire historique de la langue française, 1992, 2592 p. (ISBN 978-2-85036-594-2).

[7] **(en)** Voir site : space.com (http://www.space.com/scienceastronomy/060130_mm_single_stars.html).

[8] **(en)** Kerr, F. J., Lynden-Bell D. (1986). *Review of galactic constants* (http://articles.adsabs.harvard.edu/cgi-bin/nph-iarticle_query?1986MNRAS.221.1023K&data_type=PDF_HIGH&type=PRINTER&filetype=.pdf). Monthly Notices of the Royal Astronomical Society **221** : 1023-1038.

[9] C'est une situation gravitationnelle très différente que celle en cours dans le système solaire, où la masse du Soleil peut être considéré (en première approximation) comme la source unique du champ gravitationnel.

[10] Situation du système solaire (http://system.solaire.free.fr/presentationsyt.htm#situation).

[11] **(en)** Bonanno, A., Schlattl, H.; Paternò, L. (2002). **[PDF]** "The age of the Sun and the relativistic corrections in the EOS" (http://arxiv.org/PS_cache/astro-ph/pdf/0204/0204331.pdf). Astronomy and Astrophysics 390 : 1115-1118.

[12] **(fr)** Laurent Sacco, « L'apocalypse dans 7.6 milliards d'années ? (http://www.futura-sciences.com/fr/sinformer/actualites/news/t/astronomie/d/lapocalypse-dans-76-milliards-dannees_14762-1/) » sur http://www.futura-sciences.com", Futura-Sciences, *28 février 2008. Consulté le 8 juillet 2008.*

[13] **(en)** Pogge, Richard W. (1997). New Vistas in Astronomy (http://www-astronomy.mps.ohio-state.edu/Vistas/). *The Once & Future Sun (lecture notes). New Vistas in Astronomy*. Consulté le 7 décembre 2005.

[14] **(en)** Sackmann, I.-Juliana, Arnold I. Boothroyd ; Kathleen E. Kraemer (11 1993). "*Our Sun. III. Present and Future*" (http://adsabs.harvard.edu/cgi-bin/nph-bib_query?1993ApJ...418..457S&db_key=AST&high=24809&nosetcookie=1). Astrophysical Journal 418 : 457.

[15] **(en)** Godier, S., Rozelot J.-P. (2000). "The solar oblateness and its relationship with the structure of the tachocline and of the Sun's subsurface" (http://aa.springer.de/papers/0355001/2300365.pdf)**[PDF]**. Astronomy and Astrophysics 355 : 365-374.

[16] **(en)** The 8-minute travel time to Earth by sunlight hides a thousand-year journey that actually began in the core. (http://sunearthday.nasa.gov/2007/locations/ttt_sunlight.php)

[17] **(en)** European Space Agency (15 mars 2005). The Distortion of the Heliosphere: our Interstellar Magnetic Compass (http://www.spaceref.com/news/viewpr.html?pid=16394). Consulté le 22 mars 2006.

[18] Physics of the Inner Heliosphere, R. Schwenn E. Marsch, Springer-Verlag, 1990

[19] **(en)** Page officielle du télescope THEMIS (http://www.themis.iac.es/).

[20] Page officielle de la base de données solaires BASS 2000 (http://bass2000.bagn.obs-mip.fr/).

[21] **(en)** sec.noaa.gov (http://www.sec.noaa.gov/SolarCycle/) – Le cycle solaire actuel.

[22] **(en)** Galileo Galilei (1564 - 1642) (http://www.bbc.co.uk/history/historic_figures/galilei_galileo.shtml). BBC. Retrieved on 2006-03-22.

[23] (en) Sir Isaac Newton (1643 - 1727) (http://www.bbc.co.uk/history/historic_figures/newton_isaac.shtml). BBC. Consulté le 22 mars 2006.
[24] (en) Herschel Discovers Infrared Light (http://coolcosmos.ipac.caltech.edu/cosmic_classroom/classroom_activities/herschel_bio.html). Cool Cosmos. Consulté le 22 mars 2006.
[25] (en) Thomson, Sir William (1862). "On the Age of the Sun's Heat" (http://zapatopi.net/kelvin/papers/on_the_age_of_the_suns_heat.html). Macmillan's Magazine 5 : 288-293.
[26] (en) Lockyer, Joseph Norman (1890). The meteoritic hypothesis; a statement of the results of a spectroscopic inquiry into the origin of cosmical systems (http://adsabs.harvard.edu/abs/1890QB981.L78......). London and New York : Macmillan and Co.
[27] (en) Darden, Lindley (1998). The Nature of Scientific Inquiry. (http://www.philosophy.umd.edu/Faculty/LDarden/sciinq/)
[28] CNRS : Naissance, vie et mort des étoiles (http://www.cnrs.fr/cw/dossiers/dosbig/decouv/xchrono/etoiles/niv1_1.htm).
[29] (en)Bethe, H. (1938). "On the Formation of Deuterons by Proton Combination". Physical Review 54 : 862-862.
[30] (en) Bethe, H. (1939). "Energy Production in Stars". Physical Review 55 : 434-456.
[31] (en) E. Margaret Burbidge ; G. R. Burbidge ; William A. Fowler ; F. Hoyle (1957). " Synthesis of the Elements in Stars (http://adsabs.harvard.edu/abs/1957RvMP...29..547B)". Reviews of Modern Physics 29 (4): 547-650.
[32] (en) Pioneer 6-7-8-9-E. Encyclopedia Astronautica (http://www.astronautix.com/craft/pio6789e.htm). Consulté le 22 mars 2006.
[33] (en) St. Cyr, Chris ; Joan Burkepile (1998). Solar Maximum Mission Overview (http://web.hao.ucar.edu/public/research/svosa/smm/smm_mission.html). Consulté le 22 mars 2006.
[34] (en) Japan Aerospace Exploration Agency (2005). Result of Re-entry of the Solar X-ray Observatory "Yohkoh" (SOLAR-A) to the Earth's Atmosphere (http://www.jaxa.jp/press/2005/09/20050913_yohkoh_e.html). Consulté le 22 mars 2006.
[35] (en) SoHO Comets. (http://sungrazer.nrl.navy.mil/) Consulté le 25 avril 2009.
[36] (en) Ulysses — Science — Primary Mission Results. NASA (http://ulysses.jpl.nasa.gov/science/mission_primary.html). Consulté le 22 mars 2006.
[37] F. Espenak, « Eye Safety During Solar Eclipses — adapted from NASA RP 1383 Total Solar Eclipse of 1998 February 26, April 1996, p. 17 (http://sunearth.gsfc.nasa.gov/eclipse/SEhelp/safety.html) », NASA. Consulté le 22 mars 2006.

Références

(en) Cet article est partiellement ou en totalité issu de l'article en anglais intitulé « Sun (http://en.wikipedia.org/wiki/En:sun) » (voir la liste des auteurs (http://en.wikipedia.org/wiki/En:sun))

Voir aussi

Articles connexes

- Héliosismologie
- Étoile
- Constante solaire
- Météorologie de l'espace
- Chaîne proton-proton
- Système Solaire
- 18 Scorpii, une étoile de la constellation du Scorpion considérée comme une quasi-jumelle du Soleil.
- Naine jaune
- Éclipse
- Énergie solaire

Liens externes

- (fr) Soleil : les derniers secrets de notre étoile (audio) (http://www.cieletespaceradio.fr/soleil___les_derniers_secrets_de_notre_etoile.121.SYST_001), les podcasts de Ciel & Espace radio, Jean-Paul Zahn
- (en) Le Soleil aujourd'hui dans différentes longueurs d'onde (http://www.esa.int/esaCP/ASESO2AKOYC_Protecting_0.html) (images SoHO)
- (en) Le Soleil vu par les amateurs, bases de données solaires en images (http://solardatabase.free.fr)
- (fr) Astropixel.org : nombreuses photographies d'éruptions solaire réalisées par un astronome amateur (http://www.astropixel.org/astropixel_soleil.htm)
- (fr) Générateur de diagramme solaire, (http://www.sunearthtools.com/dp/tools/pos_sun.php?lang=fr&utc=1&point=48.8583, 2.2945#form) graphiques pour la localisation et la date.

bjn:Matahari koi:Шонді ltg:Saule pfl:Sunn rue:Сонце xmf:ბჟა

Horizon

Cette page d'homonymie répertorie les différents sujets et articles partageant un même nom.

L'horizon, au bout de la ligne fuite

Conceptuellement, l'**horizon** est la limite de ce que l'on peut observer, du fait de sa propre position ou situation. Ce concept simple se décline en physique, philosophie, littérature, et bien d'autres domaines :

- En physique, le terme d'horizon regroupe plusieurs concepts :
  - L'horizon, un cercle centré sur l'observateur entre le ciel et la Terre, tenant compte de la courbure de cette dernière.
  - L'horizon des particules, la limite de la région de l'espace-temps susceptible d'influencer un point donné.
    - ⇒ L'horizon cosmique, la limite de l'univers visible depuis la Terre est sous certaines conditions un horizon des particules.
  - L'horizon des événements, la limite de la région de l'espace-temps influençable depuis un point donné.
    - ⇒ L'horizon d'un trou noir, la frontière entre un trou noir et le reste de l'univers, est un horizon des événements.
- Un horizon en pédologie est une couche du sol, homogène et parallèle à la surface.
- Un horizon en philosophie est un concept à rapprocher de l'*aveuglement*

Et aussi

Histoire

- Horizon, la classification chronologique des périodes précolombiennes dans les Andes centrales (Bolivie et Pérou).

Sciences

- New Horizons, une sonde spatiale de la NASA pour l'étude de Pluton et de la ceinture de Kuiper.
- Le profil d'un sol (pédologie) se définit en général par trois horizons (ou couches).
- En géologie, horizon peut être utilisé comme synonyme de strate ou couche (niveau, assise).

Politique

- Nouveaux Horizons, un parti politique chypriote.

Presse

- *Horizons*, un quotidien algérien en langue française.
- *Horizons*, le magazine de la recherche du Fonds national suisse de la recherche scientifique (FNS) (également édité en allemand sous le titre *Horizonte*)

Littérature

- *Les Horizons vaincus*, un livre de l'alpiniste italien Reinhold Messner relatant son ascension en solitaire est sans oxygène de l'Everest.
- *Horizon* est le quatrième et dernier tome de la tétralogie de fantasy *Le Couteau du Partage* de Lois McMaster Bujold.
- *L'Horizon* est un roman de Patrick Modiano paru en 2010.

Musique

- *L'Horizon* est un album de musique de Dominique A sorti en 2006.
- *Horizon* est un single de The Cinematic Orchestra sorti en 2002 sur le label Ninja Tune.

Cinéma / télévision

- *Horizons perdus* est un film américain de Frank Capra (1937).
- *Nouveaux Horizons* est un film français de Marcel Ichac (1953), premier film français tourné en cinémascope.
- *Event Horizon, le vaisseau de l'au-delà* de Paul W. S. Anderson (1997)
- *Horizons lointains* est un film américain avec Nicole Kidman et Tom Cruise.
- *L'Horizon* est un film de Jacques Rouffio sorti en 1967
- *L'Horizon* est un film de Lev Koulechov sorti en 1932.
- Horizons et une série de documentaires de découvert du monde diffusée à TV5.

Marques

- Horizons, une ancienne **attraction** du parc EPCOT à Walt Disney World Resort.
- La Simca-Talbot Horizon, une **voiture** de la marque Simca et de la marque Talbot
- Air Horizons, une **compagnie aérienne** française.
- *Classe Horizon*, **frégates** franco-italiennes
- Horizon (logiciel), un **logiciel** SIGB de la société SirsiDynix
- Le Cougar Horizon (Hélicoptère d'observation radar et d'investigation sur zone) est un hélicoptère de l'armée de terre française équipé d'un radar d'observation du champ de bataille permettant le renseignement opérationnel.
- Horizon est une marque japonaise de matériels de façonnage.

Autres

- Horizon FM, une radio locale autrefois diffusée en Seine-et-Marne et en Essonne ;
- Horizon, Chorale du collège Garang de Creutzwald (Moselle). Elle participe à de nombreuses manifestations comme *Les 500 Choristes*, le concert d'inauguration du TGV Est, les concert de Starmania, le Téléthon, etc. Elle est dirigée par Jacky Locks.
- *Horizon*, un jeu d'arcade.
- Réseau de bus Horizon (Bus de l'agglomération de Châteauroux)
- Horizon est une lanterne Box du fabricant BBT

Aube (temps)

L'**aube** (du latin *alba*, blanche) précède l'aurore. Elle est le moment de la journée où apparaissent à l'horizon est les premières lueurs du jour, avant le lever du soleil, c'est-à-dire avant le moment où le Soleil franchit l'horizon à l'est pour commencer sa course (l'inverse du coucher de soleil).

L'aube

- C'est à ce moment que sont censées être interprétées les aubades.
- Dans la liturgie catholique, elle correspond à l'heure de l'office du prime.
- C'est aussi à ce moment que la première prière obligatoire de la journée (*fajr*) doit être accomplie par les musulmans.

Définitions

L'aube correspond au crépuscule du matin et précède le lever du soleil. Elle se caractérise par la présence de lumière du jour, bien que le soleil soit encore au-dessous de l'horizon. Parmi les définitions techniques de l'aube (ou plus précisément du crépuscule matinal), on compte :

- L'**aube astronomique** est le moment après lequel le ciel n'est plus complètement noir, qui commence formellement au moment où le soleil est 18° sous l'horizon au matin[1].
- L'**aube nautique** est le moment à partir duquel il y a juste assez de lumière pour que l'horizon et certains objets soient identifiables, que l'on définit formellement comme le moment à partir duquel le soleil est 12° sous l'horizon au matin[1].
- L'**aube civile** est le moment à partir duquel il y a suffisamment de lumière pour que les objets environnants soient identifiables et que les activités de commerce puissent commencer. Elle est définie de façon formelle comme le moment à partir duquel le soleil est à 6° sous l'horizon le matin[1].

allégorie de l'aube par Bouguereau

L'aube ne doit pas être confondue avec le lever du soleil, qui est le moment où le bord supérieur du soleil apparaît au-dessus de l'horizon.

La durée de l'aube change beaucoup avec la latitude de l'observateur. Dans les régions équatoriales, elle peut durer seulement quelques minutes ; dans les régions polaires, elle peut durer plusieurs heures, voire ne jamais apparaître en plein hiver (nuit de 24 heures) ou en plein été (jour de 24 heures).

Notes et références

[1] Glossaire de termes astronomiques (http://www.srh.noaa.gov/ffc/html/gloss3.shtml) sur le site de National Oceanic and Atmospheric Administration (http://www.noaa.gov/)

Voir aussi

Articles connexes

- Crépuscule
- Coucher de soleil

Lien et document externe

- (en) La durée de l'aube pour les principales villes de la planète et en fonction du calendrier (http://www.gaisma.com/en/)

Ciel

Le ciel est l'atmosphère de la Terre telle qu'elle est vue depuis le sol de la planète.

Le mot ciel vient du latin *cælum* qui implique une forme circulaire et contient une connotation de pureté et de perfection harmonieuse.

Ciel à la tombée de la nuit

Science

Le ciel est l'espace accessible à l'observation terrestre limité par l'horizon.

Le ciel a l'aspect d'une voûte ou d'un hémisphère, raison pour laquelle on parle de « voûte » ou de « sphère » céleste.

Mouvement apparent du ciel

Du fait de la rotation terrestre, le ciel entier présente un mouvement rotatoire apparent autour de l'axe de la Terre. C'est ce mouvement qui fait que les astres se lèvent à l'est, culminent au méridien, et se couchent à l'ouest. La période de ce mouvement, appelée jour sidéral, est de 23 heures 56 minutes et 4,09 secondes.

Le ciel de jour

Ciel bleu

À cause du Soleil, le ciel diurne est complètement différent du ciel nocturne. Durant le jour, la brillance du Soleil surpasse celle des autres corps célestes. La lumière du Soleil a une couleur blanche jaunâtre qui couvre l'ensemble du spectre.

La couleur du ciel de jour dépend de l'atmosphère. L'atmosphère de la Terre diffuse la lumière du Soleil dans toutes les directions et, plus particulièrement, la longueur d'onde bleue, ce qui donne au ciel sa couleur (voir Couleur du ciel et Diffusion Rayleigh). La lumière du Soleil est un mélange de toutes les couleurs de l'arc-en-ciel qui pénètre dans l'atmosphère sous forme d'ondes propres à chaque couleur, venant buter contre les molécules d'air, les gouttes d'eau et les particules en suspension. Lors de ces collisions, les molécules d'air ont la particularité de diffuser les ondes relatives au violet, au bleu et à l'indigo, qui sont plus courtes que les autres. Le mélange de ces couleurs confère ainsi au ciel ce bleu qui serait d'un noir profond s'il n'y avait pas d'atmosphère...

Par conséquent, le Soleil nous apparaît jaune car la partie bleue de son spectre est plus diffusée. Depuis l'espace, le Soleil est blanc.

Le ciel de nuit

Le ciel nocturne est privé de la lumière du Soleil. Par conséquent, il fait noir, ce qui permet d'observer des milliers d'étoiles scintiller dans le ciel. Les étoiles sont toujours présentes durant la journée (les plus brillantes sont visibles à l'aide d'un télescope), mais ne peuvent être vues, car le Soleil leur fait concurrence.

Le paradoxe d'Olbers, dit « du ciel de feu », est une contradiction apparente entre le ciel noir de la nuit et une infinité d'étoiles dans un univers infini.

Grande Ourse et Petite Ourse

Histoire des théories sur le ciel

- Les Anciens se figuraient le ciel comme solide et le représentaient par une figure d'homme tenant à deux mains un voile déployé au-dessus de sa tête.
- Les Gaulois avaient peur que le ciel leur tombe sur la tête.
- Le ciel est encore souvent représenté orné des signes du zodiaque issus de la mythologie grecque et qui sont liés aux croyances de l'astrologie.

Carte céleste du XVIIe siècle, réalisée par le cartographe hollandais Frederik de Wit.

Religion

Dans certaines religions, le ciel désigne le monde des réalités non sensibles. (*Notre Père qui êtes aux cieux...*), ou l'au-delà. Dans la religion islamique, il y a sept cieux (voir Miraj).

- Dieu est un mot hérité du latin *deus*, lui-même issu d'une racine indo-européenne *Dyeus Pitar* (« Père Ciel brillant »).
- Zeus tire également son nom de *dyeus* (dieu du ciel).
- Jupiter signifie littéralement « Père des cieux », de la racine indo-européenne *Dyeus pater* (« dieu du ciel »).
- Dans la mythologie grecque, Ouranos (en grec ancien Οὐρανός, « ciel étoilé, firmament ») est une divinité primordiale personnifiant le Ciel. Il est le fils de Gaïa (la Terre).
- Nout est la déesse égyptienne du ciel.
- Tian () « le Ciel », une divinité chinoise assimilée à Shang Di. Le culte céleste était le culte officiel impérial de l'Empire Céleste.

Expressions

- A ciel ouvert : en plein air.
- Entre ciel et terre : en l'air.
- Être au septième ciel : jouir d'un grand bonheur.
- Remuer ciel et terre : tout mettre en œuvre pour atteindre un but.
- Tomber du ciel : arriver inopinément et généralement à propos.
- Ciel, mon mari ! : ledit mari arrive inopinément et généralement mal-à-propos...

Voir aussi

Articles connexes

- Couleur du ciel
- Lumière du ciel nocturne
- Sphère céleste
- Pollution lumineuse
- Assombrissement global

Liens externes

- **(en)**Galerie de photos de ciel [1]
- **(en)**Pourquoi le ciel est-il bleu ? [2]

mrj:Пӹлгом

References

[1] http://www.hanifworld.com/Sky.htm
[2] http://math.ucr.edu/home/baez/physics/General/BlueSky/blue_sky.html

Inclinaison de l'axe

L'**inclinaison de l'axe** ou **obliquité** est une grandeur qui donne l'angle entre l'axe de rotation d'une planète (ou d'un satellite naturel d'une planète) et une perpendiculaire à son plan orbital.

Caractéristiques

Dans le système solaire, les planètes ont des orbites qui se situent toutes à peu près dans le même plan. Celui de la Terre est appelé l'écliptique. Chaque planète tourne en outre autour de son axe de rotation, phénomène à l'origine de la succession des jours locaux de chaque planète. Cet axe de rotation n'est jamais perpendiculaire au plan orbital de la planète, mais incliné d'un certain angle, très variable suivant les planètes du système solaire. Toujours suivant les planètes, cet axe est soumis au phénomène de la précession, de façon plus ou moins marquée. Mais en première approximation, cet axe de rotation garde à court terme une direction fixe dans l'espace.

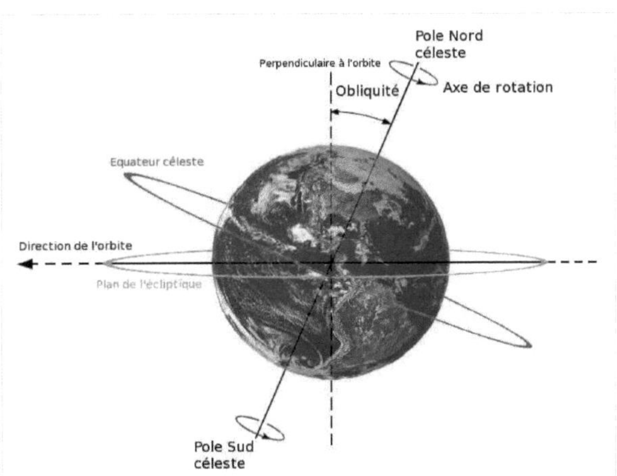

Inclinaison de l'axe terrestre (aussi appelé *obliquité*) et sa relation avec l'équateur céleste et le plan de l'écliptique, ainsi qu'avec l'axe de rotation de la Terre.

Dans le cas de la Terre, cet angle est actuellement d'environ 66,56° ou 66° 34'. Mais on parle plus couramment de l'inclinaison de l'écliptique sur le plan de l'équateur : cette inclinaison, complément angulaire de la précédente, vaudrait ainsi 23° 26' [1] , voire proche de 23° [2] . Par simplification de langage, on assimile parfois inclinaison de l'axe et inclinaison de l'écliptique. On parle aussi d'obliquité de l'écliptique.

Du fait de la précession, l'inclinaison de l'axe de la Terre perd de nos jours environ 0,5" par an.

Ce fut Ératosthène (v. 276 - v. 194 av. J.-C.) qui fut le premier à démontrer l'inclinaison de l'écliptique sur l'équateur et fixa sa valeur à 23,51°.

Conséquences

C'est l'existence et le maintien de cette inclinaison naturelle qui entraine, par le déplacement de la planète sur son orbite, la succession des saisons. Ainsi, pour la Terre, de mars à septembre, la partie nord du globe voit le Soleil plus haut à midi dans le ciel que la partie sud, et c'est l'été dans l'hémisphère nord. Comme les rayons solaires arrivent sur Terre avec un angle plus proche de 90°, une même unité de surface reçoit plus de rayons lumineux qu'à midi dans le sud à la même époque. Du fait de cette inclinaison, le Soleil se lève plus tôt, se couche plus tard, et les jours sont de fait plus longs. Les rayons solaires dans l'hémisphère sud sont beaucoup plus inclinés et arrosent une plus grande surface, ils distribuent donc moins de chaleur par unité de surface : c'est l'hiver. Le Soleil parait aussi plus bas sur l'horizon et les jours sont plus courts, avec un astre qui se lève plus tard et se couche plus tôt. Ces effets sont d'autant plus prononcés que la latitude de l'observateur est grande. À l'équateur, l'effet est d'ailleurs strictement nul, et la durée du jour et de la nuit ne varie pas (même si la position du Soleil dans le ciel varie). Aux pôles, l'effet est extrême, si bien que le jour et la nuit y durent 6 mois chacun.

D'un point de vue astronomique, on peut noter quatre points particuliers sur la trajectoire d'une planète en fonction de son inclinaison :

- lorsque le côté nord de l'axe de la Terre penche vers le Soleil, c'est le solstice de juin, le jour le plus long pour l'hémisphère Nord. Le Soleil à midi est au zénith du tropique du Cancer, qui a une latitude de 23° 26' nord. C'est le jour le plus court pour l'hémisphère Sud ;
- lorsque le côté sud de l'axe de la Terre penche vers le Soleil, c'est le solstice de décembre, le jour le plus court pour l'hémisphère nord. Le Soleil à midi est au zénith du tropique du Capricorne, qui a une latitude de 23° 26' sud. C'est le jour le plus long pour l'hémisphère Sud ;
- les deux autres points correspondent aux équinoxes de printemps et d'automne. L'axe se trouve alors dans un plan orthogonal à la direction du Soleil ; la durée des jours est égale à celle des nuits, au nord comme au sud, et le Soleil à midi est au zénith de l'équateur.

Complément

En ce qui concerne la Terre, une propriété importante de l'obliquité est la variation cyclique de sa valeur : celle-ci varie entre 24,5° et 22,1°, suivant un cycle de 41000 années. Les saisons varient donc suivant les millénaires de forte inclinaison ou d'inclinaison plus faible, une inclinaison plus forte impliquant des saisons plus marquées. Ce caractère cyclique est utilisé en cyclostratigraphie. Il a été démontré récemment par J. Laskar que la Lune stabilise la valeur de l'obliquité autour de 23°, et l'empêche ainsi de varier de façon chaotique. D'après W.R. Ward, le rayon de l'orbite de la Lune (lequel est en permanence en train de croître à cause des effets de marées) passera de 60 à 66,5 fois le rayon de la Terre en environ 1,5 milliards d'années. Une résonance planétaire se produira alors, induisant des oscillations de l'inclinaison entre 22° et 38°. Ensuite, en approximativement 2 milliard d'années, quand la Lune atteindra la distance de 68 fois le rayon de la Terre, une autre résonance provoquera de plus grandes oscillations, entre 27° et 60°. Ceci aura des effets extrêmes sur le climat.

Références

[1] Géographie : La rotation de la Terre (http://www.alertes-meteo.com/geographie/mouvement-revolution-de-la-terre.php)
[2] La théorie astronomique du climat (http://www.cnrs.fr/cw/dossiers/dosclim/motscles/Images/theorieAstro.html)

Liens externes

- Phénomène des saisons expliqué par l'inclinaison de l'axe de la Terre (http://www.space.gc.ca/asc/fr/educateurs/ressources/astronomie/multimedia/module3/reasons_seasons/reasons_seasons.swf)

Excentricité orbitale

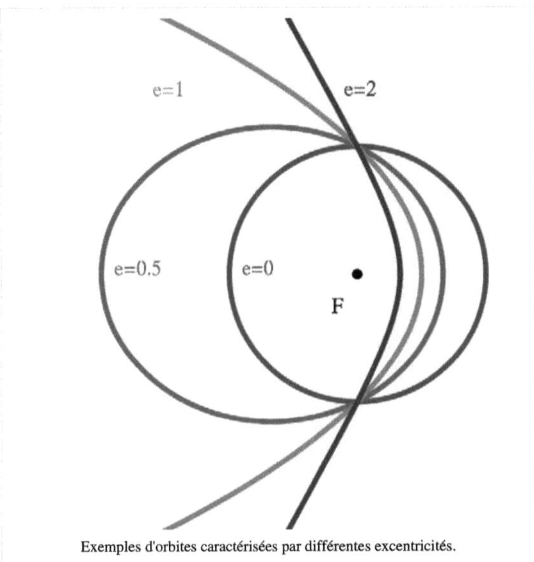

Exemples d'orbites caractérisées par différentes excentricités.

L'**excentricité orbitale** définit la forme des orbites des objets célestes. La forme générale est une ellipse, d'équation polaire (origine au foyer) : où *e* est l'excentricité. Elle donne ainsi une indication précise sur leur forme. Ainsi l'excentricité () est strictement définie pour toutes les orbites comme étant circulaire, elliptique, parabolique ou hyperbolique en prenant les valeurs suivantes :

- pour les orbites circulaires : ,
- pour les orbites elliptiques : ,
- pour les trajectoires paraboliques : ,
- pour les trajectoires hyperboliques : .

Comme les paraboles et les hyperboles ne sont pas des courbes fermées, on ne parle plus d'orbite mais de trajectoire.

Calcul de l'excentricité d'une orbite

Pour les orbites elliptiques, l'excentricité d'une orbite peut être calculée en fonction de son apoapse et de son périapse :

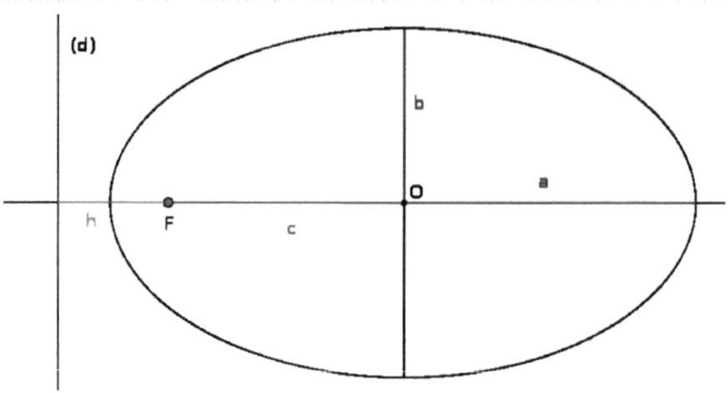

Une ellipse avec ses axes, son centre, un foyer et la droite directrice associée . a est le demi grand-axe, b est le demi petit-axe, c est la distance entre le centre O de l'ellipse et un foyer F. Pour information h est la longueur séparant le foyer F de sa directrice (d) , et h = b² / c

,

ce qui, après simplification, donne :

.

où :

- est le rayon à l'apoapse,
- est le rayon au périapse.

L'excentricité d'une orbite peut aussi se calculer de la façon suivante :

où:

- est la distance entre le centre de l'ellipse et un de ses deux foyers ; de plus ,
- est la longueur du demi grand-axe.

Excentricité des planètes du système solaire

Planète	Excentricité orbitale Époque J2000
Mercure	0,205 630 69
Vénus	0,006 773 23
Terre	0,016 710 22
Mars	0,093 412 33
Jupiter	0,048 392 66
Saturne	0,054 150 60
Uranus	0,047 167 71
Neptune	0,008 585 87

Phénomènes modifiant l'excentricité

Lorsque deux corps sont en orbite (révolution gravitationnelle) l'un autour de l'autre, l'excentricité des orbites est théoriquement fixée au départ et ne pourrait changer. En réalité, deux phénomènes principaux peuvent la modifier. D'une part, les deux astres ne sont pas isolés dans l'espace, et l'interaction des autres planètes et corps peuvent modifier l'orbite et par là même l'excentricité. Une autre modification, interne au système considéré, est due à l'effet de marée.

Prenons l'exemple concret de la Lune tournant autour de la Terre. Comme l'orbite de la Lune n'est pas circulaire, elle est soumise à des forces de marée, qui s'exercent différemment selon le point de l'orbite où se trouve la Lune, et varient continuement au cours de la révolution de la Lune. Les matériaux à l'intérieur de la Lune subissent donc des forces de friction, qui sont dissipatrices d'énergie, et qui tendent à rendre l'orbite circulaire, pour minimiser cette friction. En effet, l'orbite circulaire synchrone (la Lune montrant toujours la même face à la Terre) est l'orbite minimisant les variations des forces de marée.

→ Lorsque deux astres sont en rotation l'un autour de l'autre, l'excentricité des orbites a donc tendance à diminuer.

Dans un système type « planète/satellite » (corps de faible masse en rotation autour d'un corps de masse élevée), le temps nécessaire pour atteindre l'orbite circulaire (temps de « circularisation ») est beaucoup plus élevé que le temps nécessaire pour que le satellite présente toujours la même face à la planète (temps de « synchronisation »). La Lune présente ainsi toujours la même face à la Terre, sans que son orbite soit circulaire.

L'excentricité de l'orbite terrestre est, elle aussi, variable sur de très longues périodes (en centaines de millions d'années), essentiellement par interaction avec les autres planètes. La valeur actuelle est d'environ 0,0167, mais dans le passé elle a déjà atteint une valeur maximale de 0,07 [1].

Impact sur le climat

La mécanique orbitale exige que la durée des saisons soit proportionnelle à la superficie de l'orbite de la Terre qui a été balayée entre les solstices et les équinoxes. Par conséquent, quand l'excentricité orbitale est proche des maximums, les saisons qui se produisent à l'aphélie sont sensiblement plus longues.

À notre époque, la Terre arrive à son périhélie en début janvier, dans l'hémisphère nord, l'automne et l'hiver se produisent lorsque la Terre est aux zones où sa vitesse de parcours de son orbite est la plus élevée. Par conséquent, l'hiver et l'automne (septentrionaux) sont légèrement plus courts que le printemps et l'été. En 2006, l'été a été 4,66 jours plus long que l'hiver et le printemps 2,9 jours plus long que l'automne[2] . C'est évidemment l'inverse pour la durée des saisons australes !

Par l'action combinée entre la variation d'orientation du grand axe de l'orbite terrestre[3] et de la précession des équinoxes, les dates d'occurrence du périhélie et de l'aphélie avancent lentement dans les saisons[4] .

Dans les 10 000 prochaines années, les hivers de l'hémisphère nord deviendront progressivement plus longs et les étés plus courts. Toute vague de froid sera néanmoins compensée par le fait que l'excentricité de l'orbite terrestre sera presque réduite de moitié[réf. souhaitée], réduisant le rayon moyen de l'orbite, augmentant ainsi les températures dans les deux hémisphères[réf. nécessaire].

Notes et Références

[1] Asteroids (http://filer.case.edu/sjr16/advanced/asteroid.html)
[2] Ice Ages, Sea Level, Global Warming, Climate, and Geology (http://members.aol.com/gregbenson/iceage.htm)
[3] Par rapport à un référentiel lointain.
[4] Ce qui se traduit par l'augmentation de l'argument du périhélie.

Voir aussi

- Conique
- Excentricité mathématique
- Liste des objets du système solaire classés par excentricité

Équation du temps

L'**équation du temps** est un paramètre utilisé en astronomie pour rendre compte du mouvement apparent relatif du soleil par rapport au soleil moyen, lesquels peuvent différer l'un par rapport à l'autre de plus ou moins un quart d'heure environ. D'une année sur l'autre, la courbe d'évolution annuelle de ce paramètre se répète quasiment à l'identique. La connaissance de l'équation du temps donne le moyen de corriger à tout instant l'heure donnée par un cadran solaire pour trouver l'heure légale, d'écoulement uniforme. Autrefois, elle permettait de contrôler la marche d'une horloge, à écoulement théoriquement uniforme, par rapport aux indications d'un cadran solaire, notamment au moment du midi vrai, alors important socialement, moment repéré sur un cadran ou une méridienne.

Résultant des caractéristiques du mouvement de la Terre autour du Soleil, l'équation du temps peut se calculer très précisément. On en trouve des tables détaillées dans les éphémérides astronomiques[1] .

Remarque sur le mot « équation » : en astronomie ancienne, le terme « équation » désignait une correction ajoutée algébriquement à une valeur moyenne pour obtenir une valeur vraie. C'est une telle acception qui a survécu dans l'expression « équation du temps », et qui se retrouve aussi dans « équation du centre » ou « équation des équinoxes ». Il s'agit bien d'un paramètre, et non d'une équation au sens habituel du terme (égalité avec inconnues, comme c'est le cas d'une équation polynomiale ou d'une équation différentielle).

Définition

Par convention, l'*équation du temps*, à un instant donné, est la différence entre le temps solaire moyen et le temps solaire vrai[2] ,[3] .

- Le temps solaire moyen est basé sur le soleil moyen, défini comme un objet qui, tout au long de l'année, se déplacerait sur l'équateur à une vitesse constante, telle que la durée du jour solaire moyen soit de 24 heures exactement.
- Le temps solaire ou temps vrai est une mesure du temps basée sur le soleil vrai, tel que donné par un cadran solaire. En particulier, le midi solaire correspond à l'instant de la journée où le soleil atteint son point le plus élevé dans le ciel.

Une valeur positive de l'équation du temps indique que le soleil vrai est en retard sur le soleil moyen, c'est-à-dire plus à l'est, et une valeur négative qu'il est en avance, c'est-à-dire plus à l'ouest. Par exemple, lorsque l'équation du temps vaut + 8 minutes, cela signifie qu'il est 12 h 08 du temps solaire moyen lorsque le cadran solaire indique midi vrai.

C'est du moins la convention de signe utilisée en France, où l'équation du temps est l'équation du temps vrai, c'est-à-dire ce qu'il faut ajouter au temps vrai pour obtenir le temps moyen. Dans certains pays, tels que le Royaume-Uni, les États-Unis ou la Belgique, l'équation du temps est souvent définie avec la convention de signe inverse : c'est l'équation du temps moyen, c'est-à-dire la quantité qu'il faut ajouter au temps moyen pour obtenir le temps vrai. Les deux variables, « équation du temps vrai » et « équation du temps moyen » ont des valeurs opposées.

Autre forme de la définition : l'équation du temps, à chaque instant, est la différence entre l'ascension droite du soleil moyen et celle du soleil vrai.

Evolution annuelle de l'équation du temps

L'évolution de l'*équation du temps* sur une année complète est représentée par la courbe rouge sur la figure ci-contre. En première approximation, sa forme s'analyse comme résultant de la superposition de deux sinusoïdes :

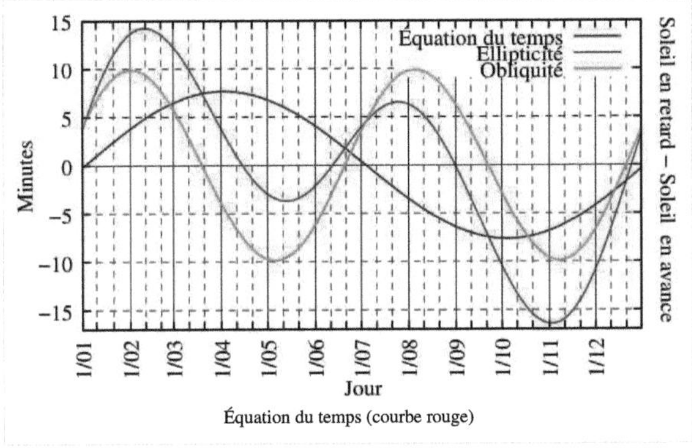

Équation du temps (courbe rouge)

- En bleu sur le diagramme : *une sinusoïde de période égale à un an*, d'amplitude égale à 7,66 minutes et s'annulant aux passages de la Terre aux apsides : périgée le 3 janvier et apogée début juillet. Cette composante reflète l'excentricité de l'orbite terrestre.
- En vert sur le diagramme, *une sinusoïde de période égale à une demi-année*, d'amplitude 9,87 minutes et s'annulant aux solstices et aux équinoxes. Cette composante résulte de l'obliquité de l'écliptique sur l'équateur.

L'équation du temps, en rouge, s'annule quatre fois par an, vers le 15 avril, le 13 juin, le 1er septembre et le 25 décembre. Son maximum, atteint vers le 11 février, vaut 14 min 15 s, et son minimum, atteint vers le 3 novembre, vaut – 16 min 25 s.

Analemme

L'évolution annuelle de l'équation du temps, en un lieu donné, peut être visualisée à l'aide d'une courbe appelée analemme ou courbe en 8, définie comme suit : chaque point de cette courbe représente une position du soleil (vrai) lorsqu'il est 12 h pour le soleil moyen, c'est-à-dire lorsque ce dernier passe au centre du diagramme. Les axes sont les suivants, avec des échelles différentes, de façon à mieux mettre en évidence la légère asymétrie de la courbe :

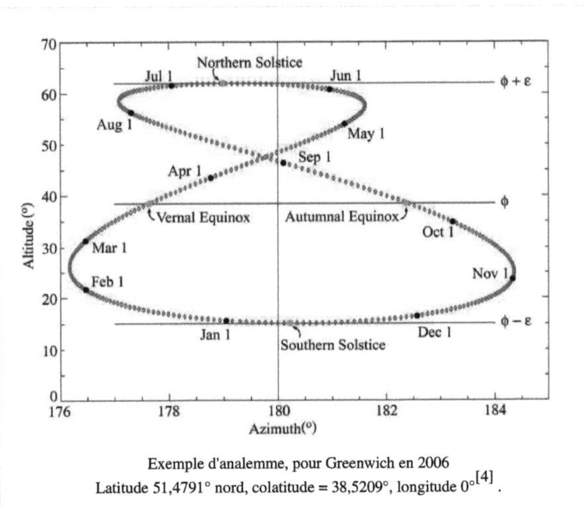

Exemple d'analemme, pour Greenwich en 2006
Latitude 51,4791° nord, colatitude = 38,5209°, longitude 0°[4] .

- L'axe horizontal représente l'azimut en degrés (180° correspond au sud). L'équation du temps se lit le long de cet axe, donc comme l'écart horizontal par rapport à la ligne 180°. Avec la convention de signe adoptée, elle est positive à gauche de la ligne 180°. La correspondance entre l'angle et le temps est 360° = 24 h, donc 1° = 4 minutes.

- L'axe vertical représente la hauteur du soleil au-dessus de l'horizon, liée aux variations de sa déclinaison.
- Le soleil moyen, midi moyen, se trouve au centre du diagramme (azimut = 180°, hauteur = 90° - latitude du lieu)

Sur l'exemple ci-contre[5] , le premier jour de chaque mois est affiché en noir, et les positions des solstices et équinoxes sont affichées en vert. On lit par exemple :

- le 3 novembre, avance maximale du soleil vrai sur le soleil moyen, et l'équation du temps, qui est négative, vaut - 16 min 23 s ;
- le 12 février, le retard est maximal, et l'équation du temps, qui est positive, vaut + 14 min 20 s ;
- au solstice d'hiver, vers le 21 décembre, la hauteur du soleil est minimale et vaut 15,08° (hauteur au solstice d'hiver = colatitude du lieu - obliquité de l'écliptique = 38,52° - 23,44°) ;
- au solstice d'été, vers le 21 juin, la hauteur est maximale et vaut 61,96° (hauteur au solstice d'été = colatitude du lieu + obliquité de l'écliptique = 38,52° + 23,44°) ;
- aux équinoxes, le soleil passe dans le plan de l'équateur et a, à ce moment-là, la même hauteur que le soleil moyen, égale à la colatitude du lieu

Certains cadrans solaires sont munis d'un analemme. Ils peuvent même donner directement le temps moyen, soit parce que les droites horaires sont transformées en courbes corrigées de l'équation du temps, soit parce que le gnomon a reçu une forme tenant compte de cette correction. Dans les deux cas, il faut tenir compte de la période de l'année ou disposer de deux cadrans.

Homonymie

Il ne faut pas confondre cet analemme avec la figure du même nom, qui lui est historiquement bien antérieure[6] , et qui servait à tracer des cadrans solaires ou établir géométriquement la hauteur du soleil. Elle résultait de la projection de la sphère céleste sur le plan méridien.

Variation de cette évolution au cours du temps

La forme de la courbe « équation du temps », c'est-à-dire la valeur des extrema et les instants où on les observe, ainsi que les instants où la courbe s'annule, évoluent très lentement au cours des années pour au moins deux raisons :

1. la Terre dans son mouvement autour du Soleil subit l'influence des autres planètes du système solaire, ce qui entraîne une variation de l'excentricité de son orbite, ainsi qu'une lente rotation de la ligne joignant le périhélie à l'aphélie de l'orbite, appelée ligne des apsides.
2. la Terre, dans sa rotation sur elle-même, subit l'influence du couple (Lune, Soleil), ce qui entraîne une variation de son obliquité en inclinaison et direction ; ces phénomènes sont connus et décrits sous le nom de nutation en longitude, nutation en obliquité et précession des équinoxes.

Ces évolutions provoquent notamment un glissement relatif des dates des passages aux apsides par rapport à celles des solstices et des équinoxes, qui sont fixes par construction de l'année tropique. Sur une durée de 70 siècles, de l'an - 2000 à + 5000, les extrema sont définis par le tableau suivant[7] :

Année	Premier maximum	Premier minimum	Deuxième maximum	Deuxième minimum
- 2000	+ 18 min 33 s, 31 janvier	- 12 min 45 s, 20 mai	+ 2 min 06 s, 10 août	- 9 min 30 s, 26 octobre
- 1000	+ 18 min 18 s, 3 février	- 10 min 14 s, 21 mai	+ 2 min 06 s, 6 août	- 11 min 45 s, 27 octobre
0	+ 17 min 27 s, 6 février	- 7 min 44 s, 20 mai	+ 2 min 57 s, 1er août	- 13 min 45 s, 29 octobre
+ 1000	+ 16 min 04 s, 9 février	- 5 min 27 s, 18 mai	+ 4 min 30 s, 29 juillet	- 15 min 20 s, 1er novembre
+ 2000	+ 14 min 15 s, 11 février	- 3 min 41 s, 14 mai	+ 6 min 30 s, 26 juillet	- 16 min 25 s, 3 novembre
+ 3000	+ 12 min 08 s, 14 février	- 2 min 37 s, 10 mai	+ 8 min 41 s, 25 juillet	- 16 min 57 s, 6 novembre
+ 4000	+ 9 min 52 s, 15 février	- 2 min 24 s, 6 mai	+ 10 min 48 s, 25 juillet	- 16 min 54 s, 9 novembre
+ 5000	+ 7 min 38 s, 15 février	- 3 min 00 s, 3 mai	+ 12 min 38 s, 26 juillet	- 16 min 17 s, 12 novembre

Analyse intuitive de l'équation du temps

Dans cette section, on examine successivement deux effets séparément :

- Influence de l'ellipticité de l'orbite de la terre. Pour cela, on supposera que l'obliquité est nulle, c'est-à-dire que l'axe de rotation de la terre est perpendiculaire à l'écliptique.
- Influence de l'obliquité de la Terre. Pour cela, on supposera que l'ellipticité de l'orbite de la Terre est nulle, c'est-à-dire que l'orbite est circulaire.

Influence de l'ellipticité de l'orbite de la terre

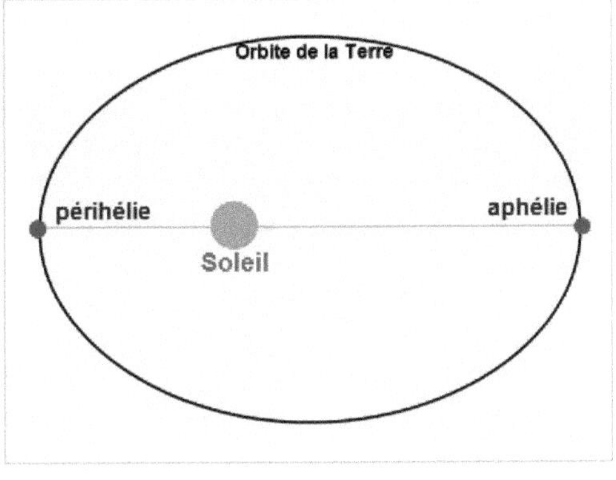

La seconde loi de Kepler (loi des aires) indique comment la vitesse de la Terre varie le long de son orbite : elle est maximale au périhélie (30.287 km/s vers le 3 janvier), minimale à l'aphélie six mois plus tard (29.291 km/s début juillet), et égale à sa valeur moyenne (vers début avril et début octobre).

D'octobre à mars (demi-orbite voisine du périhélie), la vitesse de la terre sur son orbite est plus élevée que sa valeur moyenne. Donc, vu de la terre, le soleil vrai va plus vite que le soleil moyen dans son mouvement annuel. Or le mouvement annuel en question est rétrograde ; donc, dans un repère local, le soleil vrai prend du retard par rapport au soleil moyen, et l'équation du temps (composante bleue) est croissante. D'avril à septembre, la situation est inversée, le soleil vrai rattrape son retard et l'équation du temps décroît. Et la composante bleue de l'équation du temps rend bien compte que c'est début avril et début octobre que se trouvent ses extrema.

En première approximation, l'équation du temps varie sinusoïdalement avec une période d'une année, s'annule au périhélie et à l'aphélie, et est extrémal entre ces deux points (courbe bleue de la figure *équation du temps*). L'expression de ce retard dû à l'ellipticité, exprimé en minutes, est le suivant :

Voir la définition de B(d) ci-dessous.

Influence de l'obliquité de la Terre

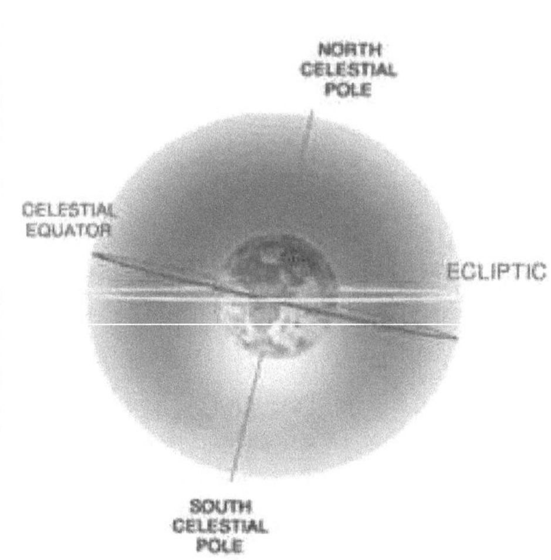

Ce schéma montre le plan de l'écliptique et celui de l'équateur céleste qui interceptent chacun un grand cercle sur une sphère virtuelle appelée sphère céleste.
L'intersection de ces deux plans définit l'axe vernal.
L'angle entre ces 2 plans est appelé l'obliquité.

On suppose ici que l'orbite de la Terre est circulaire. Même dans ce cas, le mouvement apparent du soleil le long de l'équateur céleste n'est pas uniforme, par suite de l'inclinaison de l'axe de rotation de la Terre par rapport à son plan orbital.

La figure ci-contre montre les trois étapes du retour d'un méridien face au soleil, en adoptant un point de vue géocentrique, c'est-à-dire la Terre étant fixe au centre de la figure et le soleil orbitant autour de la terre :

- une rotation complète (360°) de la terre sur elle-même pour passer de 1 à 2,
- ce faisant le soleil a avancé sur son orbite autour de la terre, et de ce fait la terre montre ce même méridien non pas face au soleil mais face aux étoiles lointaines, point 2,
- une rotation complémentaire de la terre sur elle-même est alors nécessaire pour que le méridien soit à nouveau face au soleil, point 3

Le soleil a avancé de façon régulière sur son orbite située dans le plan écliptique, alors que la rotation complémentaire de la terre sur elle-même pour se remettre face au soleil est mesurée dans le plan de l'équateur céleste. Il faut donc rapporter le mouvement du soleil dans ce plan de l'équateur céleste pour apprécier le retard ou l'avance du temps solaire par rapport à une horloge régulière. C'est cette opération, appelée réduction à l'équateur, qui explique que le mouvement apparent du soleil le long de l'équateur céleste n'est pas uniforme.

L'orbite étant supposée circulaire, le module du vecteur vitesse du soleil est donc constant le long de son orbite. Une composante de ce vecteur est portée par l'axe vernal, l'autre est portée par un vecteur orthogonal à cet axe vernal et situé dans le plan écliptique. La première composante se projette sans modification sur le plan de l'équateur céleste, la seconde se projette avec un facteur de réduction égal au cosinus de l'obliquité. De façon intuitive, la somme de ces deux projections sur le plan de l'équateur céleste sera minimale sur l'axe vernal et maximale sur la quadrature de ce même axe. La variation de vitesse sera donc nulle en ces quatre points, et de même pour l'avance ou le retard.

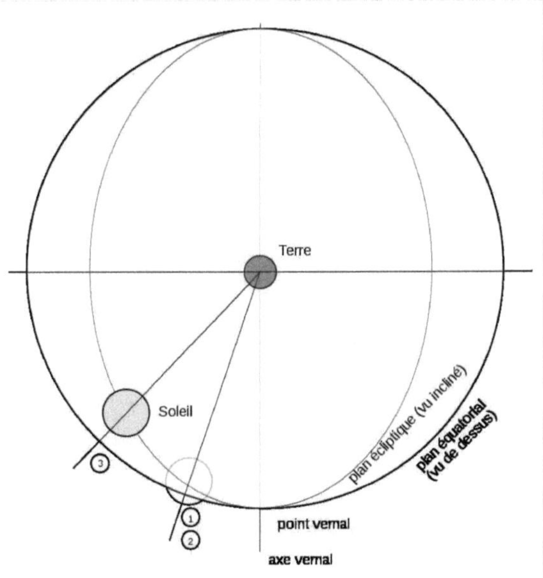

Illustration des étapes nécessaires pour qu'un méridien terrestre donné retourne face au soleil d'un jour au suivant (point de vue géocentrique).

En première approximation, il s'agit d'une sinusoïde de période une demi-année (courbe verte de la figure Équation du temps, cf. plus haut) qui s'annule quatre fois sur une année, en particulier à l'équinoxe de printemps. L'expression de ce retard dû à l'obliquité, exprimé en minutes, est le suivant :

Voir la définition de B(d) ci-dessous.

Version simplifiée de l'équation temps

La somme des deux formules précédentes fournit une première approximation de l'**équation du temps** :

,

c'est-à-dire :

avec : , exprimé en radians, dépend du numéro du jour de l'année :

le 1er janvier ; à l'équinoxe de printemps.

Étude détaillée

Influence de l'ellipticité de l'orbite de la terre

- Calcul de l'anomalie moyenne

avec . est le jour julien de la date considérée. En première approximation, peut être remplacé par le numéro du jour dans l'année (le premier janvier).

- Contribution de l'ellipticité de la trajectoire : c'est l'équation du centre en radian

où représente l'excentricité de la trajectoire de la Terre autour du Soleil.

Application numérique :

Influence de l'obliquité de la terre

- Calcul de la longitude écliptique

la petite différence de période entre et M est est due à la précession des équinoxes

- Contribution de l'obliquité de la Terre : c'est la réduction à l'équateur (en radian)

où ; représente l'inclinaison de l'axe de la Terre par rapport au plan de l'écliptique.

Application numérique :

Équation du temps

Équation du temps en degrés :

, où C et R sont exprimés en degrés.

Équation du temps en minutes :

, où E est exprimé en degrés.

Explications et démonstration de la formule

La figure 1 montre la Terre qui tourne sur elle même et qui tourne autour du Soleil en un an dans le plan de l'écliptique. La situation présentée correspond à l'automne. Le point est le périhélie, atteint au début du mois de janvier. L'angle s'appelle anomalie vraie. L'axe , appelé axe vernal ou point vernal, est l'intersection du plan de l'écliptique avec le plan équatorial. Il sert d'origine pour mesurer la longitude écliptique .

La figure 2 représente la Terre dans un repère fixe par rapport aux étoiles. L'obliquité est l'angle entre le plan de l'écliptique et le plan de l'équateur.

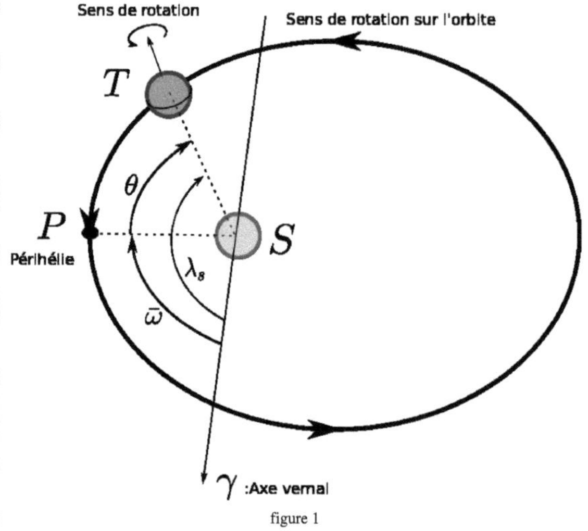

figure 1

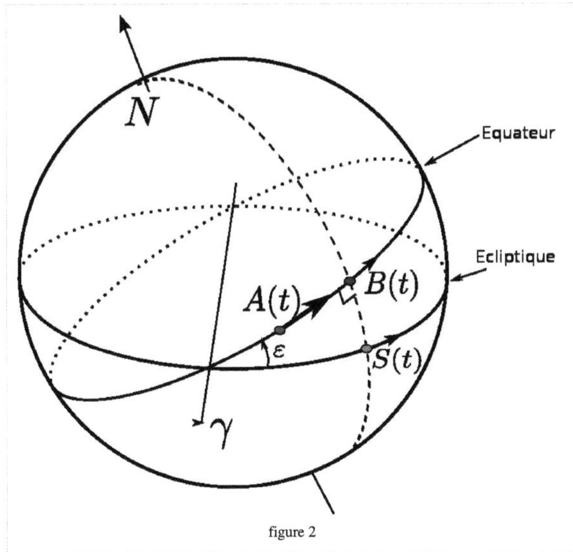

figure 2

Appelons le temps qui s'écoule. Considérons un point fixé sur Terre et positionné sur l'équateur. Il fait donc un tour en un jour sidéral de façon régulière.

Partant du centre de la terre, le point est situé en direction du Soleil. Il se situe donc sur le cercle de l'écliptique. Le point fait un tour en une année sidérale.

Comme l'orbite terrestre est elliptique et d'après les lois de Kepler, ne tourne pas de façon régulière. Considérons le méridien passant par et appelons l'intersection de ce méridien avec l'équateur. Remarquons qu'il est midi solaire au point lorsque le point traverse ce méridien (i.e. lorsque les points et coïncident). Remarquons aussi qu'un jour solaire vrai est la durée qui sépare deux croisements de et . Plus généralement l'heure solaire vraie est l'angle entre et :

est l'heure qu'indiquerait un cadran solaire.

Pour définir l'heure solaire moyenne, il faut se référer à des mouvements réguliers (moyennés). Nous avons vu que le point a un mouvement régulier. Ce n'est pas le cas du point , ni même du point . À la place de on considère un point virtuel sur l'écliptique qui a un mouvement régulier et de même période (on verra que est directement relié à l'anomalie moyenne). Par conséquent l'heure solaire moyenne est :

Par définition l'**équation du temps** est la différence :

Or une relation de trigonométrie donne :

En effet, projetons à partir du centre de la terre le triangle sphérique sur le plan tangent à la terre au point vernal . Il devient un triangle rectangle d'angle au sommet et de côté adjacent et d'hypothénuse . On déduit la relation .

On déduit :

et l'expression de l'équation du temps :

Remarques

- Dans cette dernière équation tout est connu. D'une part, d'après la figure 1 il apparaît que l'angle est reliée à la longitude écliptique par

et elle même est reliée à l'anomalie vraie par où est la longitude du périhélie. Donc

De même est relié à l'anomalie moyenne par

- Traditionnellement on décompose de la façon suivante :

Le premier terme, , est appelé « contribution de l'ellipticité » ou équation du centre. On a : . est dû à l'ellipticité de l'orbite terrestre. Dans un modèle où la Terre aurait un mouvement circulaire et régulier, on aurait et seul le deuxième terme, , appelé **réduction à l'équateur** et dû à l'obliquité , interviendrait. Remarquer que si on avait (le soleil en permanence dans le plan de l'équateur), ce dernier terme serait nul.

- À l'aide d'un développement limité, et en posant , le terme de la réduction à l'équateur ci-dessus peut s'écrire

Notes et références

[1] Dans les *Éphémérides Astronomiques* publiées par la *Société astronomique de France*, la valeur de l'équation du temps est donnée, pour chaque jour de l'année à 0 h de Temps universel.
[2] Voir la définition donnée par l'« Institut de mécanique céleste et de calcul des éphémérides » (Observatoire de Paris - Bureau des longitudes - CNRS) Temps vrai, temps moyen, équation du temps (http://www.bdl.fr/fr/ephemerides/astronomie/Promenade/pages3/325.html#tempsvrai).
[3] Voir la définition donnée par Laplace dans son livre Exposition du système du monde - Livre Premier, chapitre 3, fin du §3.
[4] Schéma établi en utilisant les données de hauteur et d'azimut fournies par le site JPL Horizons (http://ssd.jpl.nasa.gov/?horizons)
[5] Un diagramme similaire se trouve sur le site (http://www.analemma.com/Pages/Summation/SummationEffect/Summation.html)
[6] L'analemme d'Anaximandre à Ptolémée (http://cadrans_solaires.scg.ulaval.ca/cadransolaire/p8v8no4.html)
[7] Source : J. Meeus et D. Savoie (cf. Bibliographie).

Voir aussi

Articles connexes

- Anomalie excentrique
- Anomalie vraie
- Anomalie moyenne
- Analemme
- Cadran solaire

Liens externes

- (fr) Les échelles de temps (http://www.imcce.fr/fr/ephemerides/astronomie/Promenade/pages3/325.html) par l'Institut de mécanique céleste et de calcul des éphémérides
- (fr) L'équation du temps de Kepler (http://www.sciences.univ-nantes.fr/physique/perso/gtulloue/Meca/Planetes/Kepler.pdf)
- (en) Article très complet sur l'équation du temps (http://info.ifpan.edu.pl/firststep/aw-works/fsII/mul/mueller.html)

Bibliographie

- Pierre-Simon Laplace, *Exposition du système du monde*
- Jean Meeus et Denis Savoie, *L'Équation du temps*, in revue *L'Astronomie*, vol. 109, juin 1995, p. 188-193.

Latitude

La **latitude** est une coordonnée géographique représentée par une valeur angulaire, expression de la position d'un point sur Terre (ou sur une autre planète), au nord ou au sud de l'équateur qui est le plan de référence. Lorsque reliés entre eux, tous les endroits de la Terre ayant une même latitude forment un cercle, cercle dont le plan est parallèle à celui de l'équateur, d'où l'autre terme « parallèle » permettant de nommer une latitude.

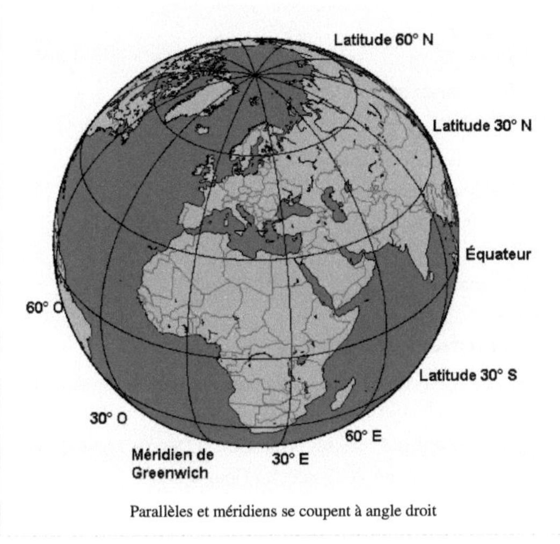

Parallèles et méridiens se coupent à angle droit

Pour illustrer schématiquement une latitude, le globe terrestre de l'image à droite montre que les lignes horizontales forment ces cercles qui déterminent les parallèles : les plans horizontaux dont l'axe de rotation du globe est une normale, cet axe « traversant » ces plans à angle droit, au centre des cercles qui les définissent. Cependant, il convient de parler de lignes plutôt que de cercles permettant de définir un plan distinct : en réalité la Terre n'est pas une sphère parfaite, son géoïde (approximation de la surface moyenne du niveau des mers permettant d'évaluer l'altitude) se rapprochant d'avantage d'une ellipsoïde de révolution (ce qui est d'autant plus remarquable avec les longitudes).

Définition

La latitude est une mesure angulaire, elle varie entre la valeur 0° à l'équateur et 90° aux pôles.

En géographie, il existe plusieurs définitions de latitude, du fait que la Terre n'est pas parfaitement sphérique, mais est souvent comparée à un sphéroïde.

- La latitude géodésique ou géographique est l'angle que fait la normale à l'ellipsoïde de référence avec le plan équatorial. C'est la latitude de la plupart des cartes.
- La latitude géocentrique est l'angle que fait une droite menée du centre de la Terre avec le plan équatorial. Elle est surtout employée en astronomie. Elle peut s'écarter de la précédente de près de 11 minutes d'arc.
- La latitude astronomique est l'angle que fait la verticale du lieu avec le plan équatorial. C'est elle que l'on peut mesurer directement à partir d'observations (navigation astronomique, nivellement topographique).
- La latitude géomagnétique correspond à la latitude corrigée par rapport à la position (actuelle) du pôle Nord magnétique, en place du pôle géographique. Elle sert notamment pour définir les zones où se produisent les perturbations électromagnétiques les plus sévères en cas d'orage magnétique, ainsi que pour positionner l'équateur magnétique (zone parcourue par les courants de l'électrojet équatorial)

Tous les endroits ayant une latitude donnée sont désignés collectivement sous le nom de parallèle géographique, car tous ces lieux sont placés sur une ligne parallèle à l'équateur. À l'inverse de la longitude dont la définition requiert le choix d'un méridien de référence, la latitude n'utilise donc que des références naturelles.

Notation

La latitude est généralement notée φ (phi).

Voir aussi

Articles connexes

- Longitude
- Lignes de latitude et longitude égales
- Déclinaison (astronomie)
- Ascension droite
- Parallèle
- Confluence project

Liens externes

- Theraurus Getty TGN: Site gratuit permettant d'obtenir les coordonnees de nom de lieux [1]
- Google Earth [2]
- Site de conversion d'adresses décimales en Degrés, Minutes, Secondes et vice-versa [3]
- Geocoordinates from Wikipedia for Google Earth [4]
- Pour la France :
  - Geoportail: Cartes satellites, altimetriques, des sols sur tous les territoires français en acces libre [5]
  - IGN (commercial) [6]

References

[1] http://www.getty.edu/research/conducting_research/vocabularies/tgn/
[2] http://earth.google.fr/
[3] http://www.fcc.gov/mb/audio/bickel/DDDMMSS-decimal.html
[4] http://www.webkuehn.de/hobbys/wikipedia/geokoordinaten/index_en.htm
[5] http://www.geoportail.fr
[6] http://www.ign.fr/

Atmosphère terrestre

Atmosphère terrestre	
L'atmosphère de la Terre	
Informations générales	
Épaisseur	800 km[1]
Pression atmosphérique	1,013 bar
Masse	5.1480×10^{18} kg
Composition	
Diazote	78,084 %
Dioxygène	20,946 %
Argon	0,9340 %
Dioxyde de carbone	390 ppmv[2]
Néon	18.18 ppmv
Hélium	5.24 ppmv
Méthane	1.745 ppmv
Krypton	1.14 ppmv
Dihydrogène	0.55 ppmv
Vapeur d'eau	de <1 % à ~4 % (très variable)

L'**atmosphère terrestre** désigne l'enveloppe gazeuse entourant la Terre solide. L'air sec se compose de 78,08 % d'azote, 20,95 % d'oxygène, 0,93 % d'argon, 0,039 % de dioxyde de carbone et des traces d'autres gaz. L'atmosphère protège la vie sur Terre en absorbant le rayonnement solaire ultraviolet, en réchauffant la surface par la rétention de chaleur (effet de serre) et en réduisant les écarts de température entre le jour et la nuit.

Il n'y a pas de frontière définie entre l'atmosphère et l'espace. Elle devient de plus en plus ténue et s'évanouit peu à peu dans l'espace. L'altitude de 120 km marque la limite où les effets atmosphériques deviennent notables durant la rentrée atmosphérique. La ligne de Kármán, à 100 km, est aussi fréquemment considérée comme la frontière entre l'atmosphère et l'espace.

Description

La limite entre l'atmosphère terrestre et l'atmosphère solaire n'est pas définie précisément : la limite externe de l'atmosphère correspond à la distance où les molécules de gaz atmosphérique ne subissent presque plus l'attraction terrestre et les interactions de son champ magnétique. Ces conditions se vérifient à une altitude qui varie avec la latitude - environ 60 km au-dessus de l'équateur, et 30 km au-dessus des pôles. Ces valeurs ne sont toutefois qu'indicatives : le champ magnétique terrestre, en effet, est continuellement déformé par le vent solaire. L'épaisseur de l'atmosphère varie donc notablement. En outre, comme l'eau des océans, l'atmosphère subit l'influence de la rotation du système Terre-Lune et les interférences gravitationnelles de la Lune et du Soleil. Comme les molécules de gaz, plus légères et moins liées entre elles que les molécules de l'eau de mer, ont de grandes possibilités de mouvement, les marées atmosphériques sont des phénomènes beaucoup plus considérables que les marées océaniques.

La plus grande partie de la masse atmosphérique est proche de la surface : l'air se raréfie en altitude et la pression diminue ; celle-ci peut être mesurée au moyen d'un altimètre ou d'un baromètre.

L'atmosphère est responsable d'un effet de serre qui réchauffe la surface de la Terre. Sans elle, la température moyenne sur Terre serait de -18 °C, contre 14 °C actuellement. Cet effet de serre découle des propriétés des gaz vis-à-vis des ondes électromagnétiques.

Composition chimique détaillée

Les gaz de l'atmosphère sont continuellement brassés, l'atmosphère n'est pas homogène, tant par sa composition que par ses caractéristiques physiques. La concentration des composants minoritaires, et en particulier les polluants, est très hétérogène sur la surface du globe, car des sources d'émission très locales existent, soit liées à l'activité humaine (usines, air intérieur ou extérieur, etc.) soit à des processus naturels (géothermie, décomposition de matières organiques, etc.).

Au niveau de la mer, l'air est principalement composé de 78,1 % de diazote, 20,9 % de dioxygène, 0,93 % d'argon et de 0,034 % de dioxyde de carbone pour les gaz majeurs. Toutefois, il comporte aussi des traces d'autres éléments chimiques, les gaz mineurs, dont la proportion varie avec l'altitude. Les gaz à effet de serre majeurs sont la vapeur d'eau, le méthane, l'oxyde d'azote et l'ozone. Les concentrations en dioxyde de carbone s'élèvent, en 2011[3] , à 0,0390 %, soit 390 ppm alors qu'en 1998, elle était de 345 ppm[4] .

D'autres éléments d'origine naturelle sont présents en plus faible quantité, dont la poussière, le pollen et les spores. Plusieurs polluants industriels sont aussi présents dans l'air, tels que le chlore (élémentaire ou composé), le fluor (composé), le mercure et le soufre (en composé tel que le SO_2).

Composition de l'atmosphère « sèche »[5]

ppmv: partie par million en volume	
Gaz	**Volume**
Diazote (N_2)	780840 ppmv (78,084 %)
Dioxygène (O_2)	209460 ppmv (20,946 %)
Argon (Ar)	9340 ppmv (0,9340 %)
Dioxyde de carbone (CO_2)	390 ppmv (0,0390 %)[6] (en 2011)
Néon (Ne)	18.18 ppmv
Hélium (He)	5.24 ppmv
Méthane (CH_4)	1.745 ppmv

Krypton (Kr)	1.14 ppmv
Dihydrogène (H_2)	0.55 ppmv
À rajouter à l'atmosphère sèche :	
Vapeur d'eau (H_2O)	de <1 % à ~4 % (très variable)

Composants mineurs de l'atmosphère

Gaz	Volume
Monoxyde d'azote (NO)	0.5 ppmv
Protoxyde d'azote (N_2O)	0.3 ppmv
Xénon (Xe)	0.09 ppmv
Ozone (O_3)	0,0 à 0.07 ppmv
Dioxyde d'azote (NO_2)	0.02 ppmv
Iode (I_2)	0.01 ppmv
Monoxyde de carbone (CO)	0.2 ppmv
Ammoniac (NH_3)	traces

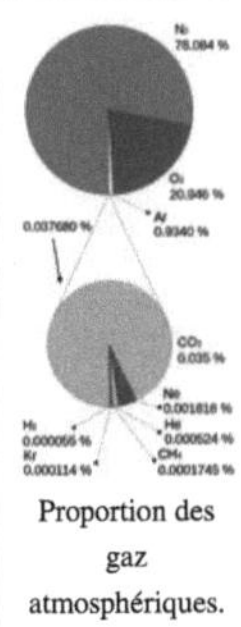

Proportion des gaz atmosphériques.

Quantité moyenne de vapeur d'eau.

Structure

L'atmosphère est divisée en plusieurs couches d'importance variable : leurs limites ont été fixées selon les discontinuités dans les variations de la température, en fonction de l'altitude. De bas en haut :

- la troposphère : la température décroît avec l'altitude (de la surface du globe à 8-15 km d'altitude) ; l'épaisseur de cette couche varie entre 13 et 16 km à l'équateur, mais entre 7 et 8 km aux pôles. Elle contient 80 à 90 % de la masse totale de l'air et la quasi-totalité de la vapeur d'eau[7] . C'est la couche où se produisent les phénomènes météorologiques (nuages, pluies, etc.) et les mouvements atmosphériques horizontaux et verticaux (convection thermique, vents) ;
- la stratosphère : la température croît avec l'altitude jusqu'à 0 °C (de 8-15 km d'altitude à 50 km d'altitude) ; elle abrite une bonne partie de la couche d'ozone ;
- la mésosphère : la température décroît avec l'altitude (de 50 km d'altitude à 80 km d'altitude) jusqu'à -80 °C ;
- la thermosphère : la température croît avec l'altitude (de 80 km d'altitude à 350-800 km d'altitude) ;
- l'exosphère : de 350-800 km d'altitude à 50000 km d'altitude.

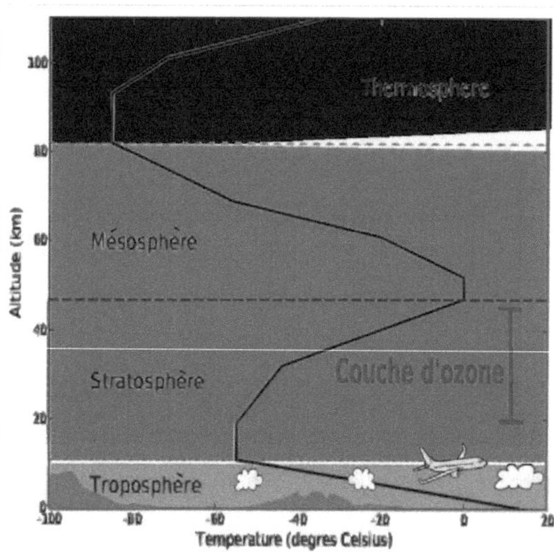

Température de l'atmosphère (en °C)
en fonction de l'altitude (en km).

Troposphère

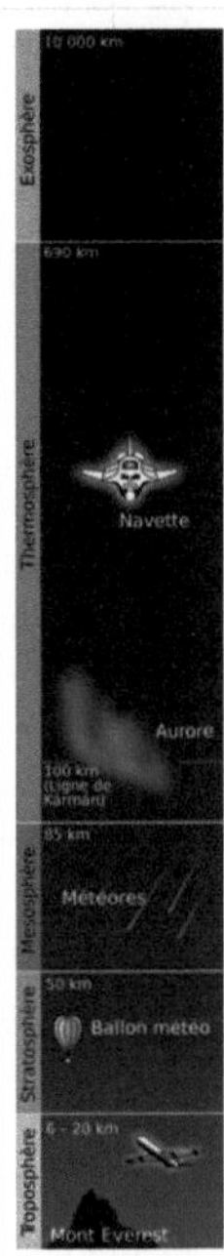

Schéma des couches de l'atmosphère.

La troposphère, du mot grec *τρέπω* signifiant « changement », est la partie la plus basse de l'atmosphère ; elle commence à la surface et s'étend entre 7 et 8 km aux pôles et de 13 à 16 km à l'équateur, avec des variations dues aux conditions climatiques. Le mélange vertical de la troposphère est assuré par le réchauffement solaire. Ce réchauffement rend l'air moins dense, ce qui le fait remonter. Quand l'air monte, la pression au-dessus de lui décroît, par conséquent il s'étend, s'opposant à la pression de l'air environnant. Or, pour s'étendre, de l'énergie est nécessaire, donc la température et la masse de l'air décroissent. Comme la température diminue, la vapeur d'eau dans la masse d'air peut se condenser ou se solidifier, relâchant la chaleur latente permettant une nouvelle élévation de la masse d'air. Ce processus détermine le gradient maximal de baisse de la température avec l'altitude, appelé gradient thermique adiabatique. La troposphère contient grossièrement 80 % de la masse totale de l'atmosphère. 50 % de la masse de l'atmosphère se trouvent en dessous d'environ 5.5 km d'altitude.

A noter que la partie la plus basse de la Troposphère est aussi appelée Peplos. Cette couche qui trouve sa limite vers 3 km est aussi qualifiée de couche sale en raison de son taux d'impureté très important (aérosol ou nucléus) qui sont des noyaux auxquels viennent se former les gouttes d'eau dans le cas d'un air ayant atteint 100% d'humidité relative. Cette couche se termine par la péplopause. La présence de cette couche sale explique la quasi absence d'air sur-saturé dans la couche supérieur de la troposphère.

Tropopause

La tropopause est la frontière entre la troposphère et la stratosphère.

Couche d'ozone

Bien que faisant partie de la stratosphère, la couche d'ozone est considérée comme une couche en soi parce que sa composition chimique et physique est différente de celle de la stratosphère. L'ozone (O_3) de la stratosphère terrestre est créé par les ultraviolets frappant les molécules de dioxygène (O_2), les séparant en deux atomes distincts (de l'oxygène) ; ce dernier se combine ensuite avec une molécule de dioxygène (O_2) pour former l'ozone (O_3). L'O_3 est instable (bien que, dans la stratosphère, sa durée de vie est plus longue) et quand les ultraviolets le frappent, ils le séparent en O_2 et en O. Ce processus continu s'appelle le cycle ozone-oxygène. Il se produit dans la couche d'ozone, une région comprise entre 10 et 50 km au-dessus de la surface. Près de 90 % de l'ozone de l'atmosphère se trouve dans la stratosphère. Les concentrations d'ozone sont plus élevées entre 20 et 40 km d'altitude, où elle est de 2 à 8 ppm.

Stratosphère

La stratosphère s'étend de la tropopause, entre 7–17 km et environ 50 km. La température y augmente avec l'altitude. La stratosphère contient la majeure partie de la couche d'ozone.

Stratopause

La stratopause est la limite entre la stratosphère et la mésosphère. Elle se situe vers 50-55 km d'altitude. La pression représente environ 1/1000 de la pression atmosphérique au niveau de la mer.

Mésosphère

La mésosphère, du mot grec *μέσος* signifiant « milieu », s'étend de 50 km à environ 80–85 km. La température décroît à nouveau avec l'altitude, atteignant –100 °C (173.1 K) dans la haute mésosphère. C'est aussi dans la mésosphère que la plupart des météorites brûlent en entrant dans l'atmosphère.

Mésopause

La température minimale se rencontre à la mésopause, frontière entre la mésosphère et la thermosphère. C'est le lieu le plus froid de la Terre, avec une température de –100 °C (173.1 K).

Thermosphère

La thermosphère est la couche atmosphérique commençant vers 80–85 km et allant jusqu'à 640 km d'altitude, la température y augmente avec l'altitude. Bien que la température puisse atteindre les 1500 °C, un individu ne la ressentirait pas à cause de la très faible pression. La station spatiale internationale orbite dans cette couche, entre 320 et 380 km d'altitude. Comme description moyenne le modèle MSIS-86[8] est recommande par le Committee on Space Research.

Thermopause

La thermopause est la limite supérieure de la thermosphère. Elle varie entre 500 et 1000 km d'altitude.

Ionosphère

L'ionosphère, la partie de l'atmosphère ionisée par les radiations solaires, s'étire de 50 à 1000 km et chevauche à la fois la thermosphère et l'exosphère. Elle joue un rôle important dans l'électricité atmosphérique et forme le bord intérieur de la magnétosphère. À cause de ses particules chargées, elle a une importance pratique car elle influence, par exemple, la propagation des ondes radio sur la Terre. Elle est responsable des aurores.

Exosphère

L'exosphère commence avec l'exobase, qui est aussi connu comme le « niveau critique », vers 500–1000 km et s'étire jusqu'à 10000 km d'altitude. Elle contient des particules circulant librement et qui migrent ou proviennent de la magnétosphère ou du vent solaire.

L'atmosphère terrestre depuis l'espace.

Pression et épaisseur

La pression atmosphérique moyenne, au niveau de la mer, est de 1013 hectopascals ; la masse atmosphérique totale est de $5{,}1480\times10^{18}$ kg[9].

La pression atmosphérique est le résultat direct du poids total de l'air se trouvant au-dessus du point où la pression est mesurée. La pression de l'air varie en fonction du lieu et du temps, car la quantité et le poids d'air varient suivant les mêmes paramètres. Toutefois, la masse moyenne au-dessus d'un mètre carré de la surface terrestre peut être calculée à partir de la masse totale de l'air et la superficie de la Terre. La masse totale de l'air est de 5148000 gigatonnes et la superficie de 51007.2 megahectares. Par conséquent 5148000/51007,2 = 10.093 tonnes par mètre carré. Ceci est environ 2,5 % inférieur à l'unité standardisée officielle de 1 atm représentant 1013.25 hPa, ce qui correspond à la pression moyenne, non pas au niveau de la mer, mais à la base de l'atmosphère à partir de l'élévation moyenne du sol terrestre.

Si la densité de l'atmosphère restait constante avec l'altitude, l'atmosphère se terminerait brusquement vers 7.81 km d'altitude. La densité décroît avec l'altitude, ayant déjà diminué de 50 % dès 5.6 km. En comparaison, la plus haute montagne, l'Everest, atteint les 8.8 km d'altitude, donc l'air est moins de 50 % moins dense à son sommet qu'au niveau de la mer.

Cette chute de pression est presque exponentielle, ainsi la pression diminue de moitié environ tous les 5.6 km et de 63,2 % tous les 7.64 km (hauteur échelle moyenne de l'atmosphère terrestre en dessous de 70 km). Même dans l'exosphère, l'atmosphère est encore présente, comme on peut le constater par la traînée subie par les satellites.

Les équations de pression par altitude peuvent être utilisées afin d'estimer l'épaisseur de l'atmosphère. Les données suivantes sont données pour référence[10] :

- 50 % de la masse de l'atmosphère est en dessous de 5.6 km d'altitude ;
- 90 % de la masse de l'atmosphère est en dessous de 16 km d'altitude. L'altitude courante des transports aériens commerciaux est de 10 km et le sommet de l'Everest est à 8848 m au-dessus du niveau de la mer. Dans la région supérieure, où les gaz sont raréfiés, se produisent des aurores et d'autres effets atmosphériques. Le vol le plus élevé de l'avion X-15 a atteint, en 1963, une altitude de 108.0 km.

Densité et masse

La densité de l'air au niveau de la mer est d'environ 1.2 kg/m³ (1.2 g/L). Les variations naturelles de la pression atmosphérique se produisent à chaque altitude et à chaque changement de temps. Ces variations sont relativement faibles dans les altitudes habitées, mais elles deviennent plus prononcées dans l'atmosphère supérieure puis dans l'espace à cause des variations des radiations solaires.

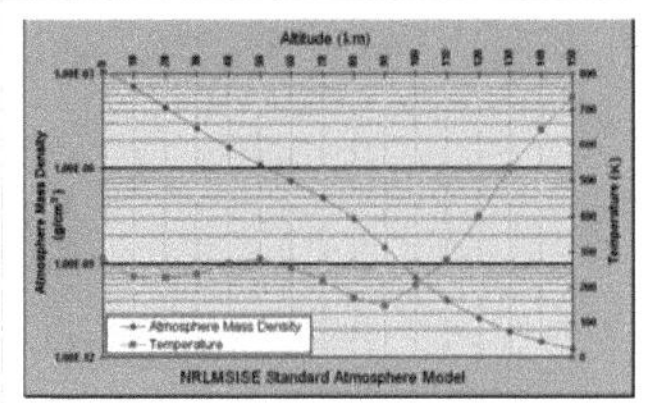

Température et masse volumique par rapport à l'altitude d'après le modèle d'atmosphère standardisé NRLMSISE-00.

La densité atmosphérique décroît avec l'altitude. Cette variation peut être modélisée par la formule du nivellement barométrique. Des modèles plus sophistiqués sont utilisés par les météorologues et les agences spatiales pour prédire le temps et l'abaissement progressif de l'orbite des satellites.

La masse de l'atmosphère est de 5×10^{15} tonnes soit 1/1200000 la masse de la Terre. D'après le National Center for Atmospheric Research, la « masse totale de l'atmosphère est de 5.1480×10^{18} kg avec une variation annuelle due à la vapeur d'eau de 1,2 à 1.5×10^{15} kg en fonction de l'utilisation des données sur la pression de surface et la vapeur d'eau. La masse moyenne de la vapeur d'eau est estimée à 1.27×10^{16} kg et la masse de l'air sec est de $5.1352 \pm 0.0003 \times 10^{18}$ kg. »

Opacité

Les radiations solaires (ou rayonnement solaire) correspondent à l'énergie que reçoit la Terre du Soleil. La Terre réémet aussi des radiations vers l'espace, mais sur des longueurs d'onde plus importantes invisibles à l'œil humain. Suivant les conditions, l'atmosphère peut empêcher les radiations d'entrer dans l'atmosphère ou d'en sortir. Parmi les exemples les plus importants de ces effets il y a les nuages et l'effet de serre.

Diffusion des ondes

Les différentes couleurs sont dues à la dispersion de la lumière produite par l'atmosphère.

Quand la lumière traverse l'atmosphère, les photons interagissent avec elle à travers la diffusion des ondes. Si la lumière n'interagit pas avec l'atmosphère, c'est la *radiation directe* et cela correspond au fait de regarder directement le soleil. Les *radiations indirectes* concernent la lumière qui est diffusée dans l'atmosphère. Par exemple, lors d'un jour couvert quand les ombres ne sont pas visibles il n'y a pas de radiations directes pour la projeter, la lumière a été diffusée. Un autre exemple, dû à un phénomène appelé la diffusion Rayleigh, les longueurs d'onde les plus courtes (bleu) se diffusent plus aisément que les longueurs d'onde les plus longues (rouge). C'est pourquoi le ciel parait bleu car la lumière bleue est diffusée. C'est aussi la raison pour laquelle les couchers de soleil sont rouges. Parce que le soleil est proche de l'horizon, les rayons solaires traversent plus d'atmosphère que la normale avant d'atteindre l'œil par conséquent toute la lumière bleue a été diffusée, ne laissant que le rouge lors du soleil couchant.

Absorption optique

Un coucher de soleil vu depuis l'ISS.

L'absorption optique est une autre propriété importante de l'atmosphère. Différentes molécules absorbent différentes longueurs d'onde de radiations. Par exemple, l'O_2 et l'O_3 absorbent presque toutes les longueurs d'onde inférieures à 300 nanomètres. L'eau (H_2O) absorbe la plupart des longueurs d'onde au-dessus de 700 nm, mais cela dépend de la quantité de vapeur d'eau dans l'atmosphère. Quand une molécule absorbe un photon, cela accroît son énergie.

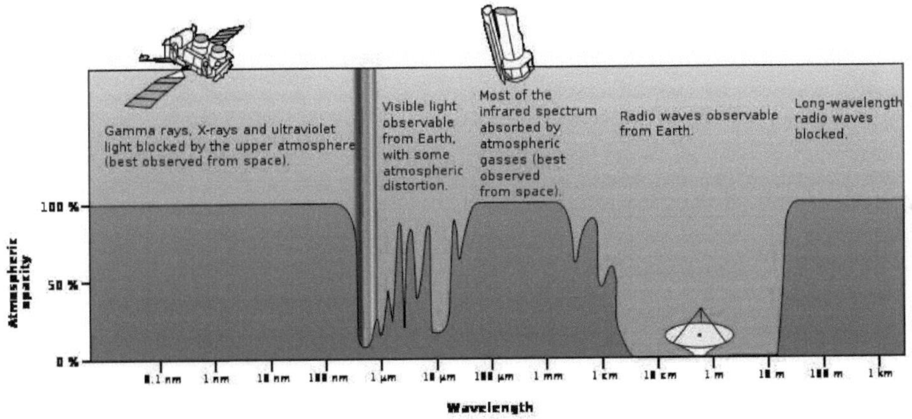

Transmittance (ou opacité) atmosphérique de la Terre à diverses longueurs d'onde et radiation électromagnétique, y compris lumière visible.

Quand les spectres d'absorption des gaz de l'atmosphère sont combinés, il reste des « fenêtres » de faible opacité, autorisant le passage de certaines bandes lumineuses. La fenêtre optique va d'environ 300 nm (ultraviolet-C) jusqu'aux longueurs d'onde que les humains peuvent voir, la lumière visible (communément appelé lumière), à environ 400–700 nm et continue jusqu'aux infrarouges vers environ 1100 nm. Il y a aussi des fenêtres atmosphériques et radios qui transmettent certaines ondes infrarouges et radio sur des longueurs d'onde plus importantes. Par exemple, la fenêtre radio s'étend sur des longueurs d'onde allant de un centimètre à environ onze mètres.

Émission

L'émission est l'opposé de l'absorption, quand un objet émet des radiations. Les objets tendent à émettre certaines quantités de longueurs d'onde suivant les courbes d'émission de leur « corps noir », par conséquent des objets plus chauds tendent à émettre plus de radiations sur des longueurs d'onde plus courtes. Les objets froids émettent moins de radiations sur des longueurs d'onde plus longues. Par exemple, le Soleil est approximativement à 6000 K (5730 °C), ses pics de radiation approchent les 500 nm, et sont visibles par l'œil humain. La Terre est approximativement à 290 K (17 °C), par conséquent ses pics de radiations approchent les 10000 nm (10 µm), ce qui est trop long pour que l'œil humain les perçoive.

À cause de sa température, l'atmosphère émet des radiations infrarouges. Par exemple, lors des nuits où le ciel est dégagé la surface de la Terre se rafraichit plus rapidement que les nuits où le ciel est couvert. Ceci est dû au fait que les nuages (H_2O) sont d'importants absorbeurs et émetteurs de radiations infrarouges.

L'effet de serre est directement lié à l'absorption et à l'émission. Certains composants chimiques de l'atmosphère absorbent et émettent des radiations infrarouges, mais n'interagissent pas avec la lumière visible. Des exemples communs de ces composants sont le CO_2 et l'H_2O. S'il y a trop de ces gaz à effet de serre, la lumière du soleil chauffe la surface de la Terre, mais les gaz bloquent les radiations infrarouges lors de leur renvoi vers l'espace. Ce déséquilibre fait que la Terre se réchauffe, entrainant ainsi des changements climatiques.

Circulation

La circulation atmosphérique est le mouvement à l'échelle planétaire de la couche d'air entourant la Terre qui redistribue la chaleur provenant du Soleil en conjonction avec la circulation océanique. En effet, comme la Terre est un sphéroïde, la radiation solaire incidente au sol varie entre un maximum aux régions faisant face directement au Soleil, situé selon les saisons plus ou moins loin de l'équateur, et un minimum à celles très inclinés par rapport à ce dernier proches des Pôles. La radiation réémise par le sol est liée à la quantité d'énergie reçue.

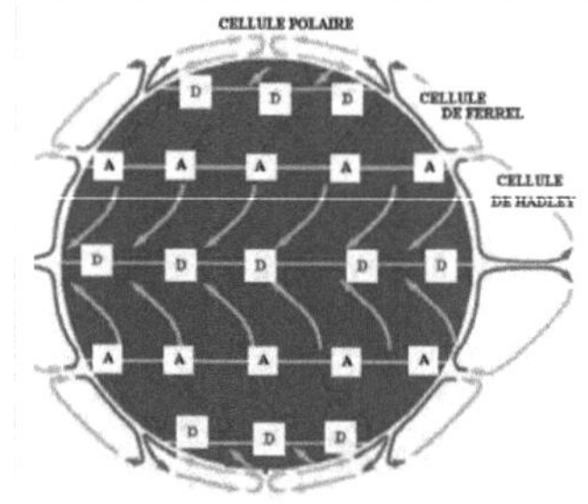

Cellules de circulation simplifiées.

Il s'ensuit un réchauffement différentiel entre les deux régions. Le déséquilibre ainsi créé a pour conséquence des différences de pression, qui sont à l'origine des circulations atmosphérique. Celle-ci, combinée aux courants marins, est le moyen qui permet de redistribuer la chaleur sur la surface de la Terre. Les détails de la circulation atmosphérique varient continuellement, mais la structure de base reste assez constante.

Phénomènes optiques

La composition de l'atmosphère terrestre la rend relativement transparente aux rayonnements électromagnétiques dans le domaine du spectre visible. Elle est cependant relativement opaque aux rayonnements infrarouges émis par le sol, ce qui est à l'origine de l'effet de serre. Il s'y produit aussi différents phénomènes optiques causés par des variations continues ou non de l'indice de réfraction du milieu de propagation des ondes électromagnétiques.

Parmi ces phénomènes, les plus notables sont les arcs en ciel et les mirages.

La couleur du ciel diurne, quant à elle, est due à la variation de la diffusion du rayonnement solaire en fonction de la longueur d'onde. Des couleurs inhabituelles s'observent cependant lors des aurores polaires (aurores boréales ou australes), qui résultent de l'interaction entre les particules du vent solaire et la haute atmosphère.

Évolution

Voir aussi :

- Histoire de la Terre
- Paléoclimatologie, Histoire du climat, Théories Gaïa

Historique

Les premières mesures de l'atmosphère actuelle se sont d'abord déroulées au sol, en plaine puis au sommet des montagnes. Le 19 septembre 1648, le beau-frère de Blaise Pascal, Florin Périer constate sur le Puy de Dôme que la pression atmosphérique diminuait avec l'altitude prouvant ainsi la pesanteur de l'air[11] . Au XIXe siècle, le progrès scientifique permet de faire des mesures depuis des ballons puis des ballons-sondes permettant de découvrir l'existence de la stratosphère en 1899. Enfin, les engins spatiaux permettent d'accéder au-delà de l'atmosphère.

Notes

[1] L'exosphère n'est pas comptabilisé, la limite supérieure de l'exosphère se trouvant vers 50000 km.

[2] Parties par millions en volume.

[3] Données du NOAA et du Mauna Loa Observatory (MLO) (http://www.esrl.noaa.gov/gmd/ccgg/trends/),

[4] Pomerol, Lagabrielle et Renard 2000, p. 61

[5] Source des données :

Dioxyde de carbone : (en) NASA - Earth Fact Sheet (http://nssdc.gsfc.nasa.gov/planetary/factsheet/earthfact.html), janvier 2007.

Méthane : IPCC TAR ; table 6.1, 1998

(en) IPCC Third Assessment Report "Climate Change 2001" (http://www.grida.no/climate/ipcc_tar/wg1/221.htm) by GRID-Arendal in 2003.

Le total de la NASA a été de 17 ppmv sur 100 %, et le CO_2 a augmenté ici de 15 ppmv.

Pour normaliser, N_2 devrait être réduit de 25 ppmv et O_2 de 7 ppmv.

[6] Données du NOAA et du Mauna Loa Observatory (MLO) (http://www.cmdl.noaa.gov/ccgg/trends/).

[7] Pomerol, Lagabrielle et Renard 2000, p. 62

[8] Labitzke, Barnett et Edwards 1989

[9] (en) The Mass of the Atmosphere: A Constraint on Global Analyses (http://ams.allenpress.com/perlserv/?request=get-abstract&doi=10.1175/JCLI-3299.1)

[10] Lutgens et Tarbuck 1995, p. 14-17

[11] Pascal 1648

Sources

Références

Bibliographie

- (en) K. Labitzke, J. J. Barnett et Belva Edwards, Atmospheric structure and its variation in the region 20 to 120 km, vol. 16, University of Illinois, 1989
- (en) Frederick K. Lutgens et Edward J. Tarbuck, The Atmosphere, Prentice Hall, 1995, 6e éd. (ISBN 0-13-350612-6)
- Blaise Pascal, Récit de la grande expérience de l'équilibre des liqueurs, C. Savreux (1re éd. 1648), 20 p.
- Charles Pomerol, Yves Lagabrielle et Maurice Renard, Éléments de géologie, Dunod, coll. « Masson Sciences », 10 août 2000, 12e éd., 746 p. (ISBN 210004754X et 978-2100047543)

Compléments

Articles connexes

- Air
- Atmosphère de Mars
- Ciel
- Climatologie
- Cycle biogéochimique
- Circulation atmosphérique
- Pression atmosphérique

Filmographie

- *À la découverte de l'atmosphère terrestre*, film de Herb Saperstone, Jeulin, Évreux, 2006, 35' (DVD + brochure)

Liens externes

- **(fr)** Site explicatif et vidéo (http://www.alertes-meteo.com/divers_pheno/atmosphere.htm)
- **(fr)** *Qu'est-ce que l'atmosphère ?* (http://www.educapoles.org/index.php?fun_zone.Animations_multimedia/questce_que_latmosphere_&s=7&rs=13&uid=115&lg=fr&pg=2), une animation de la Fondation polaire internationale.

Éphéméride (astronomie)

En astronomie, les **éphémérides** (du grec ἐφημερίς, journal, agenda) sont des tables astronomiques par lesquelles on détermine, pour chaque jour, la valeur d'une grandeur caractéristique d'un objet céleste, notamment les positions des planètes, de leurs satellites, de la Lune, du Soleil, des étoiles, des comètes.

Sémantique

Dans le langage courant, une éphéméride désigne ce qui se passe quotidiennement ; l'éphéméride du jour est la liste des évènements marquants de ce jour. Par extension, les éphémérides astronomiques désignent *a priori* une table journalière de positions de corps célestes mobiles (ceux du système solaire) ainsi que des phénomènes astronomiques ayant lieu ce jour tels les éclipses. Les éphémérides de positions sont donc avant tout la représentation d'un mouvement. Les éphémérides sous forme de tables de nombres sont les plus courantes et les plus anciennes, mais ce n'est pas la seule forme possible et, de nos jours, ce n'est plus la meilleure car il en existe maintenant d'autres beaucoup plus performantes.

Éphémérides nautiques

Ces éphémérides, à l'usage des navigateurs, sont publiées en France par le Bureau des longitudes depuis 1889. Elles donnent les déclinaisons et angles horaires du Soleil, de la Lune, de Vénus, Mars, Jupiter et Saturne (heure par heure, au dixième de minute près), ainsi que l'angle horaire du point vernal et les déclinaisons des principales étoiles visibles à l'œil nu. Elles donnent aussi les heures de lever et coucher du Soleil et de la Lune pour les latitudes comprises entre 70 degrés Nord et 56 degrés Sud. Elles sont indispensables pour faire le point en mer, en navigation hauturière, avec des moyens traditionnels (sextant et chronomètre).

Fonctionnement

Pour obtenir une éphéméride, il est nécessaire de disposer :

- d'un modèle théorique (dynamique ou cinématique) du mouvement du corps considéré ;
- d'observations de ce corps pour ajuster le modèle ;
- d'une représentation du mouvement pour donner les positions souhaitées à l'utilisateur;
- du lieu géographique à partir duquel on désire observer notre objet.

La qualité d'une éphéméride pour la représentation d'un mouvement dépend de deux facteurs : utiliser un petit nombre de données (éviter des tables gigantesques) et ensuite avoir une bonne précision (commettre l'erreur la plus faible possible par rapport à la position « vraie » que l'on veut décrire).

Historique

Depuis les débuts de l'astronomie, modéliser le mouvement des corps du système solaire a toujours été un défi. Il s'est agi tout d'abord d'extrapolations empiriques des observations réalisées ; les premières tables proviennent ainsi d'une analyse purement cinématique des mouvements observés. La précision de ces premières tables est évidemment médiocre et ne progresse qu'avec l'amélioration de la précision des observations[1] .

Viennent ensuite des prédictions fondées sur des théories gravitationnelles dont les paramètres sont déduits d'observations. À partir de Newton, les lois dynamiques sont connues et il importe alors de mettre en équation et de tenir compte de tous les effets gravitationnels qui peuvent agir sur les corps. Les recherches théoriques de Lagrange relatives au problème planétaire ont conduit à modéliser l'évolution à long terme des orbites par un système différentiel linéaire qui couple les excentricités et les inclinaisons. C'est un résultat fondamental. Toutefois il y a des variations séculaires[2] .

Voir aussi

Articles connexes

- Variations Séculaires des Orbites Planétaires
- Astronomie fondamentale
- Sciences et techniques islamiques
- Zij

Notes et références

[1] Kharin, A. S. and Kolesnik, Y. B.; *On the Errors of the Ephemerides Derived from Optical Observations of Planets.* (1990), IAU SYMP.141 P.189, 1989.

[2] Georgij A. Krasinsky and Victor A. Brumberg, *Secular Increase of Astronomical Unit from Analysis of the Major Planet Motions, and its Interpretation* Celestial Mechanics and Dynamical Astronomy 90: 267–288, (2004) (http://iau-comm4.jpl.nasa.gov/GAKVAB.pdf).

Liens externes

- Le ciel de la semaine (http://www.cieletespaceradio.fr/index.php?page=EPHE_001), podcasts *éphémérides* de Ciel & Espace radio
- Les éphémérides astronomiques (http://www.astrosurf.com/ephemerides) sur AstroSurf
- Institut de mécanique céleste et de calcul des éphémérides (http://www.imcce.fr/ephemeride.html)
- **(en)** Calcul des heures de lever et de coucher du Soleil et de la Lune pour tout lieu et toute date (http://aa.usno.navy.mil/data/docs/RS_OneDay.php) par l'Observatoire naval des États-Unis

Cercle arctique

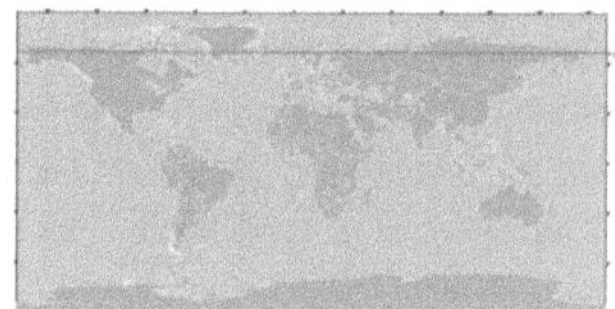
Carte du globe indiquant le cercle arctique en rouge

Le **cercle arctique** est l'un des cinq parallèles principaux indiqués sur les cartes terrestres. Il s'agit du parallèle de 66° 33' 44" [1] [2] de latitude nord, la latitude la plus méridionale sur laquelle il est possible d'observer le soleil de minuit dans l'hémisphère nord.

Définition

Le cercle arctique marque la limite sud du jour polaire lors du solstice de juin et de la nuit polaire lors du solstice de décembre. Au-delà du cercle arctique, le Soleil reste au-dessus de l'horizon pendant au moins vingt-quatre heures consécutives au moins une fois dans l'année (soleil de minuit). Réciproquement, le Soleil reste en dessous de l'horizon pendant au moins vingt-quatre heures consécutives une autre fois dans l'année.

En fait, à cause de la réfraction et parce que le Soleil apparaît comme un disque et non pas comme un point, une partie du Soleil de minuit peut être perçue la nuit du solstice de juin jusqu'à 50' (90 km) au sud du cercle arctique (de même lors du solstice de décembre, une partie du Soleil est visible jusqu'à 50' au nord du cercle arctique). Ceci n'est cependant vrai qu'au niveau de la mer : s'élever en altitude augmente ces valeurs.

Carte de l'Arctique avec le cercle artique en bleu

Position

La position du cercle arctique est déterminée par l'inclinaison de l'axe de rotation de la Terre par rapport à l'écliptique. Cet angle n'est pas constant et suit des cycles de périodes diverses. À cause de la nutation, l'inclinaison oscille de 9" (environ 280 m à la surface) sur une période de 18,6 ans. Le cycle principal possède une période de 41 000 ans et une amplitude de 2,4°, soit 267 km à la surface. Actuellement, l'inclinaison diminue d'environ 0,47" par an et le cercle arctique se déplace vers le nord de 14.4 m par an.

Pays traversés

Le cercle arctique traverse les pays suivants, en partant de 0° de longitude et en se dirigeant vers l'est :

- Norvège (le cercle arctique traverse plusieurs îles au large de la côte norvégienne, dont Sørnesøya, Storselsøy et Rangsundøya)
- Suède
- Finlande
- Russie
- États-Unis (Alaska)
- Canada (Yukon, Territoires du Nord-Ouest, Nunavut, y compris l'île de Baffin)

Le signe marquant le cercle polaire arctique sur l'îlot de Vikingen en Norvège

- Danemark (Groenland)
- Islande (Grímsey)

Globalement, les territoires situés plus au nord que le cercle arctique sont peu habités. Les plus grandes villes sont Mourmansk (325 100 habitants), Norilsk (135 000 habitants) et Vorkouta (72 000 habitants), toutes les trois en Russie. Tromsø en Norvège possède 62 000 habitants. Rovaniemi en Finlande est situé principalement au sud du cercle arctique et possède un peu moins de 58 000 habitants.

Références

[1] Mise à jour Obliquité (http://www.neoprogrammics.com/obliquity_of_the_ecliptic/)
[2] déplacement Tropicales (en Espagnol) (http://bbs.keyhole.com/ubb/ubbthreads.php?ubb=showflat&Number=1157795&site_id=1)

Articles connexes

- Parallèle (géographie)
- Cercle antarctique
- Cercle polaire

Cercle Antarctique

Coordonnées géographiques: 66°33′44″S 0°0′0″E

Le **cercle Antarctique** est l'un des cinq parallèles principaux indiqués sur les cartes terrestres. Il s'agit du parallèle de 66° 33' 44" [1] [2] de latitude sud, la latitude la plus septentrionale sur laquelle il est possible d'observer le soleil de minuit lors du solstice de décembre. Il a été traversé pour la première fois le 17 janvier 1773 par l'explorateur britannique James Cook.

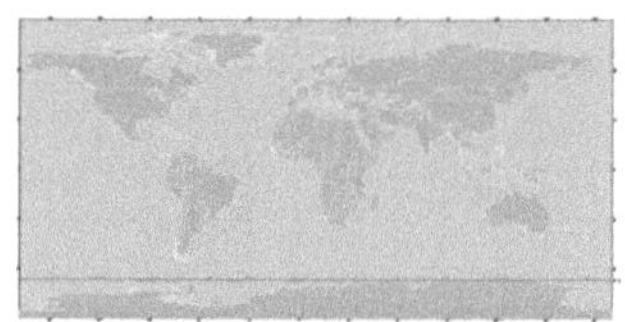

Carte du monde indiquant le cercle Antarctique en rouge

Définition

Le cercle Antarctique marque la limite nord du jour polaire lors du solstice de décembre et de la nuit polaire lors du solstice de juin. Au-delà du cercle Antarctique, le Soleil reste au-dessus de l'horizon pendant au moins vingt-quatre heures consécutives au moins une fois dans l'année (soleil de minuit). Réciproquement, le Soleil reste en dessous de l'horizon pendant au moins vingt-quatre heures consécutives une autre fois dans l'année.

En fait, à cause de la réfraction et parce que le Soleil apparaît comme un disque et non pas comme un point, une partie du Soleil de minuit peut être perçue la nuit du solstice de décembre jusqu'à 50' (90 km) au nord du cercle Antarctique (de même, lors du solstice de juin, une partie du Soleil est visible jusqu'à 50' au sud du cercle Arctique). Ceci n'est cependant vrai qu'au niveau de la mer : s'élever en altitude augmente ces valeurs.

Terres traversées

Le cercle Antarctique est quasiment intégralement situé sur l'océan Antarctique et délimite de façon approximative la forme du continent Antarctique. Il coupe cependant celui-ci en plusieurs endroits, en partant de 0° de longitude et en se dirigeant vers l'est :

- la Terre d'Enderby ;
- la Terre de Wilkes (la côte du continent suit plus ou moins le cercle Antarctique sur près 50° de longitude) ;
- la péninsule Antarctique.

Le cercle Antarctique traverse aussi les îles Balleny et passe très près de l'île Borradaile, dans le chenal de huit kilomètres de large entre les îles Young et Buckle.

Références

[1] Mise à jour Obliquité (http://www.neoprogrammics.com/obliquity_of_the_ecliptic/)
[2] déplacement Tropicales (en Espagnol) (http://bbs.keyhole.com/ubb/ubbthreads.php?ubb=showflat&Number=1157795&site_id=1)

Articles connexes

- Parallèle (géographie)
- Cercle Arctique
- Cercle polaire

Équinoxe

Un **équinoxe** est un point de l'orbite terrestre qui est atteint lorsque le Soleil est exactement au zénith sur l'équateur terrestre.

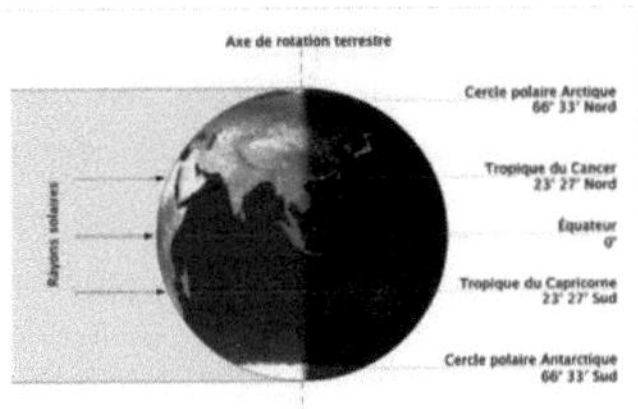

Schéma de la Terre mettant en évidence son orientation par rapport aux rayons du Soleil lors d'un équinoxe.

L'équinoxe correspond aussi au point d'intersection de l'écliptique (trace de la trajectoire apparente du Soleil sur la sphère céleste) et de l'équateur terrestre.

Une année connaît deux équinoxes : le premier vers le 20 ou le 21 mars, le deuxième vers le 22 ou le 23 septembre. Par extension, les équinoxes désignent les jours de l'année pendant lesquels se produisent ces passages au zénith. Les dates des équinoxes sont liées par convention à celles du début du printemps et de l'automne.

Étymologie

Étymologiquement, le terme équinoxe provient du latin *æquinoctium*, de *æquus* (égal) et *nox, noctis* (nuit). Ceci parce qu'à l'équinoxe jour et nuit ont une durée identique.

L'équinoxe de printemps (ou vernal) décrit l'équinoxe de mars dans l'hémisphère nord et l'équinoxe de septembre dans l'hémisphère sud. L'équinoxe d'automne est celui de septembre dans l'hémisphère nord et de mars dans l'hémisphère sud.

Astronomie

Orbite terrestre

L'axe de la Terre est incliné d'environ 23,44° par rapport au plan de son orbite. En conséquence, pendant environ une moitié de l'année, son hémisphère nord est orienté vers le Soleil, tandis que l'orientation est au profit de son hémisphère sud pendant l'autre moitié. Lors d'un équinoxe, les deux hémisphères sont orientés également par rapport au Soleil et celui-ci est situé directement au zénith de l'équateur. Les pôles Nord et Sud sont également situés à cet instant sur le terminateur et le jour et la nuit divisent exactement les deux hémisphères.

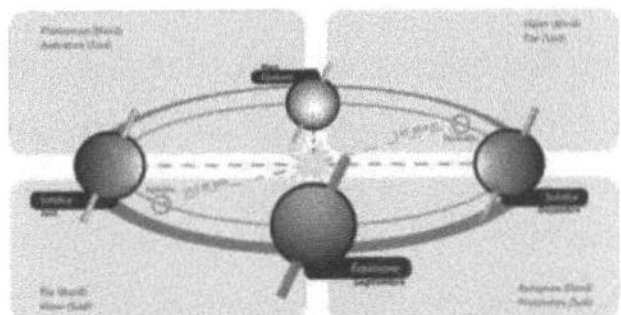
Schéma indiquant l'orientation approximative de la Terre par rapport au Soleil au solstice de juin (gauche), équinoxe de septembre (bas), solstice de décembre (droite) et équinoxe de mars (haut).

Réciproquement, du point de vue géocentrique, un équinoxe se produit lorsque le Soleil atteint l'une des deux intersections entre l'écliptique et l'équateur céleste : sa déclinaison est alors nulle.

Le Soleil n'étant pas un simple point lumineux vu de la Terre, sa traversée de l'équateur prend environ 33 heures.

Détermination

La date de l'équinoxe peut se déterminer en observant le lever du Soleil, par rapport au point situé plein Est (ou plein Ouest pour le coucher) : l'équinoxe de printemps a lieu le jour où le Soleil cesse de se lever au sud de ce point, pour se lever au nord (mutatis mutandis pour le coucher du Soleil, et/ou pour l'équinoxe d'automne). L'instant exact peut s'apprécier à partir de l'azimut solaire à ces deux levers consécutifs, en interpolant le moment où le Soleil passe à l'azimut 90° (ou 270° pour le coucher).

On dit souvent que « à l'équinoxe, le Soleil se lève à l'Est et se couche à l'Ouest », mais ce n'est qu'approximativement exact : cette règle néglige les déplacements du Soleil pendant cette journée. Le Soleil ne peut se lever *exactement* à l'Est que s'il se lève à l'instant précis de l'équinoxe, ce qui est le cas sur tout un méridien ; mais le temps que le Soleil se couche douze heures plus tard, sa déclinaison aura légèrement varié (d'un cinquième de degré), et il ne se couchera plus *exactement* à l'Ouest. La différence n'est cependant pas très sensible pour l'observation courante (un tiers de degré en azimut, pour les latitudes de l'ordre de 45°).

L'observation du Soleil au lever n'est pas très précise sur le plan astronomique, parce que c'est là que la réfraction atmosphérique est la plus forte, entraînant une incertitude sur l'heure du lever astronomique et donc sur son azimut. Un observatoire astronomique utilisera plutôt une lunette méridienne, pour déterminer (par interpolation entre deux midis solaires consécutifs) le moment où le Soleil passe sur l'équateur céleste, et a par conséquent une distance zénithale égale à la latitude du lieu d'observation.

Longueur du jour

Le jour d'un équinoxe, le centre du Soleil passe à peu près le même temps au-dessus et en dessous de l'horizon pour tous les points de la surface de la Terre : 12 heures. Cependant, le Soleil n'étant pas perçu sur Terre comme un point lumineux mais comme une sphère, le jour y est plus long que la nuit car le limbe supérieur du Soleil peut être aperçu alors que son centre est toujours situé en dessous de l'horizon. De plus, l'atmosphère terrestre réfracte la lumière solaire : même si son limbe est situé juste sous l'horizon, ses rayons peuvent quand même atteindre la surface terrestre. En pratique, le rayon apparent du Soleil est d'environ 16 minutes d'arc et la réfraction atmosphérique de 34 minutes d'arc. La combinaison des deux implique que le limbe supérieur du Soleil peut être aperçu alors que son centre est situé à 50 minutes d'arc sous l'horizon réel. En conséquence, le jour est plus long de 14 minutes que la nuit à l'équateur lors d'un équinoxe. Cette durée augmente quand on se déplace vers les pôles : à Londres, elle atteint 24 minutes, et à 100 km des pôles, le Soleil reste en partie visible toute la journée.

Certains points de la surface terrestre suffisamment éloignés de l'équateur peuvent connaître une journée où la durée du jour et de la nuit sont quasiment identiques. Sa date exacte dépend de la latitude et de la longitude, mais les jours précédant l'équinoxe de printemps (ou suivant l'équinoxe d'automne) connaissent un jour supérieur à 12 heures. Prendre en compte le crépuscule diminue encore la durée de la nuit.

Lors des équinoxes, la variation journalière de la durée du jour et de la nuit est la plus grande. Aux pôles, l'équinoxe marque la transition entre six mois de jour et six mois de nuit. Située au Svalbard loin au-delà du cercle arctique, la ville norvégienne de Longyearbyen connaît 15 minutes de jour de plus tous les jours aux alentours de l'équinoxe de printemps. À Singapour (environ 1° Nord), cette variation n'est que de quelques secondes.

Trajectoire solaire

Lors des équinoxes, le Soleil se lève exactement à l'Est et se couche exactement à l'Ouest. Du pôle Nord au pôle Sud, tous les points de la Terre situés sur un même méridien, reçoivent alors simultanément la lumière du Soleil durant la journée.

Dans l'hémisphère nord, le Soleil culmine au sud ; dans l'hémisphère sud, il culmine au nord ; à l'équateur, il culmine au zénith.

Les diagrammes suivants décrivent de façon schématique la trajectoire apparente du soleil lors d'une journée d'équinoxe pour différentes latitudes.

0° (équateur) : le soleil culmine au zénith.

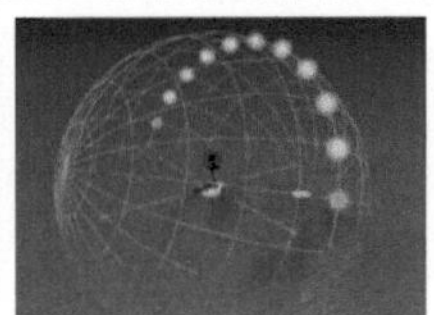

20° : le Soleil culmine à 70° d'altitude et disparaît sous l'horizon selon une trajectoire inclinée de 70° par rapport à celui-ci. Le crépuscule dure environ une heure.

50° : le crépuscule dure près de deux heures.

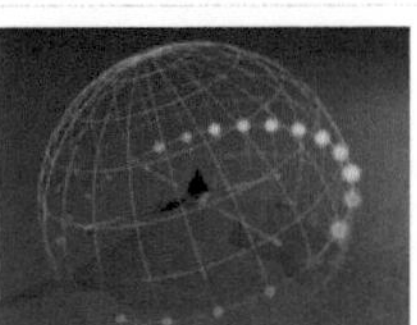

70° : le Soleil ne culmine qu'à 20° d'altitude et disparaît sous l'horizon suivant un angle très faible. Le crépuscule dure quatre heures ; en fait, la nuit noire est quasiment inexistante.

90° (pôles) : si la réfraction atmosphérique n'entrait pas en compte, le centre du Soleil resterait sur l'horizon toute la journée.

Dates

Date et heure (UTC) des solstices et des équinoxes au début du XXIe siècle

Année	Équinoxe de mars		Solstice de juin		Équinoxe de sept.		Solstice de déc.	
	jour	heure	jour	heure	jour	heure	jour	heure
2001	20	13:31	21	07:37	22	23:04	21	19:21
2002	20	19:16	21	13:25	23	04:55	22	01:15
2003	21	01:00	21	19:10	23	10:46	22	07:04
2004	20	06:48	21	00:57	22	16:30	21	12:41
2005	20	12:33	21	06:46	22	22:23	21	18:35
2006	20	18:25	21	12:25	23	04:03	22	00:21
2007	21	00:07	21	18:06	23	09:50	22	06:07
2008	20	05:48	20	23:59	22	15:44	21	12:03
2009	20	11:43	21	05:45	22	21:18	21	17:46
2010	20	17:31	21	11:29	23	03:09	21	23:38
2011	20	23:20	21	17:16	23	09:04	22	05:29
2012	20	05:14	20	23:08	22	14:48	21	11:11

2013	20	11:01	21	05:04	22	20:44	21	17:11
2014	20	16:56	21	10:51	23	02:28	21	23:02
2015	20	22:45	21	16:38	23	08:20	22	04:48
2016	20	04:40	20	22:34	22	14:21	21	10:44
2017	20	10:28	21	04:23	22	20:01	21	16:27
Référence : IMCCE [1] **Institut de mécanique céleste de calcul des éphémérides.**								

Dans le calendrier grégorien, les dates d'équinoxes varient suivant les années (le tableau à droite les résume pour les années proches). Les fait suivants sont à prendre en compte :

- L'orbite terrestre n'est pas tout à fait circulaire et sa vitesse dépend donc de sa position. En conséquence, les saisons ont une durée inégale :
  - Printemps septentrional (automne austral), de l'équinoxe de mars au solstice de juin : 92,7 jours;
  - Été septentrional (hiver austral), du solstice de juin à l'équinoxe de septembre : 93,7 jours;
  - Automne septentrional (printemps austral), de l'équinoxe de septembre au solstice de décembre : 89,9 jours;
  - Hiver septentrional (été austral), du solstice de décembre à l'équinoxe de mars : 89,0 jours.
- L'année civile standard n'est que de 365 jours ; l'année tropique est d'environ 365,2422 jours. Les équinoxes se produisent donc quasiment six heures plus tard d'une année sur l'autre. Les années bissextiles permettent de décaler les dates d'équinoxes d'une journée tous les quatre ans.
- Ce décalage bissextile compense légèrement trop la différence entre l'année civile et l'année tropique. Au bout de 70 ans, il conduit les équinoxes à se produire une journée plus tôt (ce qui est le problème du calendrier julien). Ce point est partiellement compensé par l'absence d'année bissextile pour les années divisibles par 100 (mais pas par 400).

L'équinoxe de mars se produit donc, en heure UTC, le 19, 20 ou 21 mars. Aux XIXe et XXe siècles, l'équinoxe de mars est toujours tombé le *20* ou le *21 mars*. Il est tombé le *19 mars* 15 fois dans la seconde moitié du XVIIe siècle et 5 fois à la fin du XVIIIe siècle (dernière occurrence en 1796). Il tombera de nouveau le *19 mars* en 2044. Au XXIe siècle, il n'est tombé le *21 mars* qu'en 2003 et 2007. Il faudra attendre 2102, pour qu'il retombe un *21 mars*.

L'équinoxe de septembre peut avoir lieu, en heure UTC, le 21, 22, 23 ou 24 septembre. Il tombera le 21 septembre en 2092 pour la première fois depuis l'instauration du calendrier grégorien en 1582. Cela se reproduira en 2096, puis à nouveau en 2464. Il est tombé un *24 septembre* 2 fois au tout début du XIXe siècle et 8 fois au début du XXe siècle ; il tombera pour la dernière fois à cette date en 2303.

Aspects culturels

L'équinoxe, particulièrement celui de printemps, est une date de référence pour de nombreux calendriers.

- Dans le calendrier persan, le « nouvel an », Norouz (« Le nouveau jour ») coïncide avec l'équinoxe de mars.
- Le calendrier Badí' débute également lors de l'équinoxe de mars.
- La Pâque juive a généralement lieu lors de la première pleine Lune suivant l'équinoxe de printemps dans l'hémisphère nord ; 4 ou 5 fois tous les 19 ans, elle a lieu lors de la deuxième pleine Lune.
- Le calendrier liturgique romain calcule Pâques comme le premier dimanche suivant la première pleine Lune de comput suivant l'équinoxe de mars. L'Église utilise le 21 mars comme référence pour cet équinoxe. Cependant, l'Église catholique romaine utilisant le calendrier grégorien et la plupart des Églises orthodoxes le calendrier julien, la date précise de Pâques diffère.
- Dans les calendriers est-asiatiques traditionnels (calendriers chinois, coréen, vietnamien, etc.), l'équinoxe vernal et l'équinoxe automnal marquent le milieu du printemps et de l'automne. La fête de la mi-automne est célébrée le 15e jour du 8e mois lunaire et est un jour de fête officiel dans plusieurs pays d'Asie.

- Au Japon, l'équinoxe vernal est une fête officielle, le *Shunbun no hi* (). L'équinoxe de septembre est le *Shūbun no hi* ().
- Les nouvel-ans tamoul et bengali suivent le zodiaque hindou et sont célébrés lors de l'équinoxe vernal sidéral (le 14 avril). Le premier est fêté dans le Tamil Nadu, le deuxième dans le Bengale-Occidental.
- Les habitants de l'Andhra Pradesh, du Karnataka et du Maharastra célèbrent l'ugadi, fixé par les Satavahana au premier matin suivant la première nouvelle Lune après l'équinoxe de mars.
- Dans plusieurs pays arabes, la fête des Mères est célébrée lors de l'équinoxe de mars.
- La fête des moissons est célébrée au Royaume-Uni le dimanche de la pleine Lune la plus proche de l'équinoxe de septembre.
- Dans le calendrier républicain, utilisé entre 1793 et 1805, l'année débute lors de l'équinoxe de septembre. La date de chaque année était déterminée par observation et calculs astronomiques.

Systèmes de coordonnées célestes

Le point vernal — position apparente du Soleil sur la sphère céleste lors de l'équinoxe de mars — est utilisé comme origine dans certains systèmes de coordonnées célestes :

- dans le système de coordonnées écliptiques, il est l'origine de la longitude écliptique ;
- dans le système de coordonnées équatoriales, il est l'origine de l'ascension droite.

À cause de la précession des équinoxes, la position du point vernal varie au fil du temps. Ces systèmes de coordonnées changent donc en conséquence. Ainsi, lorsqu'on donne les coordonnées célestes d'un objet dans l'un de ces systèmes, il est nécessaire de spécifier le point vernal (et l'équateur céleste) qui a servi à la mesure.

Dans ces systèmes, l'équinoxe automnal est situé à la longitude écliptique 180° et à l'ascension droite 12h.

Pour un observateur donné, son jour sidéral débute à la culmination du point vernal. L'angle horaire du point vernal est, par définition, le temps sidéral de l'observateur.

Voir aussi

Articles connexes

- Précession des équinoxes
- Solstice
- Ebn al Aalam

Liens externes

- Dates des équinoxes [2] et des saisons en général, sur le site officiel de l'IMCCE (institut de mécanique céleste).
- (en) *Earth's Seasons, 2000-2020* [3] (United States Naval Observatory)
- (en) Glossaire de l'astronomie fondamentale [4] (Union astronomique internationale)

Notes et références

[1] http://www.imcce.fr/fr/grandpublic/temps/saisons.php
[2] http://www.imcce.fr/page.php?nav=fr/ephemerides/astronomie/saisons/index.php
[3] http://www.usno.navy.mil/USNO/astronomical-applications/data-services/earth-seasons
[4] http://syrte.obspm.fr/iauWGnfa/NFA_Glossary.html

Théorie de Mie

En physique optique ondulatoire, la **théorie de Mie**, aussi appelée **théorie de Lorenz-Mie**, est une théorie de la diffusion de la lumière par des particules sphériques. Elle tire son nom du physicien danois Ludvig Lorenz et du physicien allemand Gustav Mie, qui lui donna sa première forme en 1908[1] . Elle reçut de nombreux apports par le physicien Peter Debye dans les années qui suivirent.

Diffusion de Rayleigh, cas limite de la diffusion de Mie

La diffusion par des très petites particules, telles que des molécules, de dimensions inférieures au dixième de la longueur d'onde de la lumière considérée, est un cas limite appelé diffusion Rayleigh. Pour les particules plus grosses que la longueur d'onde, on doit prendre en compte la diffusion de Mie dans son intégralité : elle explique dans quelles directions la diffusion est la plus intense, on obtient ainsi un « patron de réémission » qui ressemble à celui des lobes d'émission d'une antenne, avec, dans le cas de grosses particules, un lobe plus intense dans la direction opposée à celle d'où provient l'onde incidente.

De gauche à droite : intensité de la diffusion Rayleigh, de la diffusion Mie pour de petites particules et de la diffusion Mie pour de grosses particules, en fonction de la direction. L'onde incidente arrive par la gauche.

La diffusion de Mie n'est pas fortement dépendante de la longueur d'onde utilisée comme c'est le cas dans celle de Rayleigh. Elle produit donc une lumière presque blanche lorsque le Soleil illumine de grosses particules dans l'air : c'est cette dispersion qui donne la couleur blanc laiteux à la brume et au brouillard.

Cependant, si les solutions fournies par la diffusion de Mie sont exactes (pour des sphères), elles ne sont pas toutes analytiques, et on est souvent limité à des approches numériques.

Comparaison pratique entre la diffusion de Mie et la diffusion Rayleigh

Le ciel et les nuages sont très différents... mais leur couleur est expliquée par la même théorie !

La diffusion Rayleigh est un cas limite de la diffusion de Mie. Néanmoins, elle diffère par plusieurs aspects perceptibles lorsqu'on les compare pour des particules de tailles très différentes.

On peut apprécier la différence entre la diffusion Rayleigh et la diffusion Mie en observant le ciel : pour les molécules qui constituent l'atmosphère, la première explique la couleur bleue du ciel ; pour les gouttelettes d'eau qui forment les nuages, la seconde explique leur blanc.

La première est fortement dépendante de la longueur d'onde, mais disperse uniformément dans toutes les directions. Dans ce cas, si par exemple le Soleil est à gauche, et l'observateur est à la verticale, c'est le bleu qui reste du spectre solaire à cet angle.

Les gouttelettes du nuage étant très larges par rapport à la lumière visible, la dispersion est celle de Mie : uniforme sur toutes les couleurs du spectre, mais anisotrope, surtout vers l'avant. L'observateur voit donc surtout les bordures du nuage en blanc prononcé, puis un dégradé[2] .

Formalisme et résultats

La théorie de Mie étudie le problème par des séries sphériques, c'est-à-dire des sommes infinies d'harmoniques sphériques. La diffusion de Mie est indépendante de l'intensité lumineuse et de la nature exacte de la particule.

C'est cette sommation infinie — qu'on ne sait pas toujours exprimer — qui n'a permis l'utilisation pratique de cette méthode qu'au cours des 30 dernières années, d'une part lorsque les premiers calculateurs électroniques ont pu faire des évaluations numériques, et d'autre part grâce à l'utilisation des séries de Debye qui en donnent une approximation.

La section efficace de diffusion est le rapport entre la puissance électromagnétique diffusée et l'énergie incidente (moyenne temporelle du vecteur de Poynting) On montre que la section efficace de la diffusion de Mie pour une particule sphérique de rayon a pour une onde incidente plane de nombre d'onde k est :

Puisqu'on a, dans le cas général, la relation :

on retrouve la diffusion Rayleigh lorsque la longueur d'onde est très supérieure à a : la diffusion est en $1/\lambda^4$. On observe également que, si ce n'est plus le cas, le facteur a est largement dominant et la diffusion est pratiquement identique pour tout le spectre visible — qui est peu étendu.

Si on note θ l'angle formé par une direction et la direction de l'onde incidente, la diffusion est à symétrie cylindrique d'axe $\theta = 0$ et la section efficace angulaire est :

La diffusion se fait alors principalement dans la direction $\theta = 0$, où cette quantité est maximale. L'autre cas limite est la théorie de la diffraction selon ce même axe. La théorie de Mie peut ainsi expliquer certains phénomènes comme les arcs-en-ciel, bien qu'elle ne soit pas une approche nécessaire.

Résolution mathématique

Position du problème

La diffusion de Mie est un problème vectoriel qui implique l'utilisation sous leur forme complète des champs électrique et magnétique[3] .

On se donne une fonction scalaire Ψ qui satisfait l'équation de d'Alembert :

avec n l'indice de réfraction du milieu, k le nombre d'onde et l'opérateur formel nabla. On pose les vecteurs **M** et **N** tels que :

avec **r** le vecteur position. Alors, en coordonnées sphériques, **M** et **N** satisfont l'équation de d'Alembert.

La résolution de la diffusion de Mie pour $\boldsymbol{\Psi}$ donne accès aux deux champs vectoriels, desquels on déduit l'onde diffusée.

Résolution et conditions limites

En coordonnées sphériques, il existe des solutions stationnaires à l'équation d'onde. On les exprime en termes d'harmoniques sphériques. Ces solutions sont engendrées par deux fonctions de la forme :

avec N et L deux paramètres entiers, les polynômes de Legendre, z_N les fonctions de Bessel sphériques, r, θ et ϕ sont les coordonnées sphériques.

La particule étant de rayon a, la lumière incidente de longueur d'onde λ, on introduit pour simplifier x défini par :

Alors les conditions limites imposent les coefficients de la solution de la diffusion Mie :

avec Ψ et ζ les fonctions de Riccati-Bessel[4].

La section efficace de la diffusion est donnée par :

.

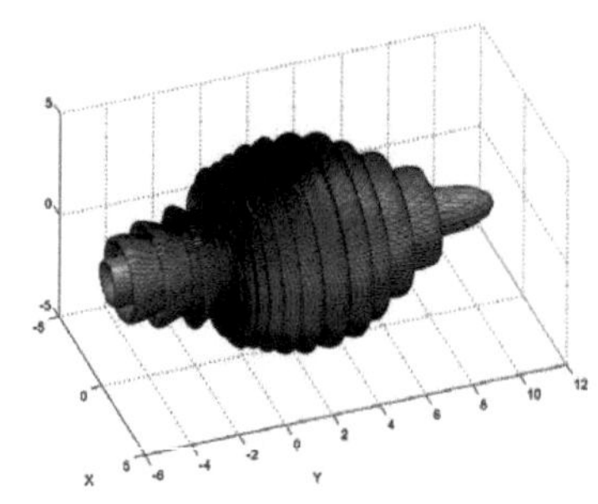

Représentation de la diffusion Mie pour une particule sphérique de 2 µm de rayon, éclairée par la gauche avec de la lumière rouge (λ = 633 nm).

Plasmon de Mie

La diffusion de Mie peut également être observée pour des molécules suffisamment grosses, ou des rayonnements suffisamment fins pour que l'objet reste d'une taille importante devant la longueur d'onde. Cependant, on ne peut pas toujours traiter ces cas dans le cadre strict de la théorie de Mie, qui s'applique en toute rigueur à des sphères diélectriques. Il est toutefois possible de retrouver ses résultats en considérant un modèle (classique) du comportement électronique.

Si on suppose les molécules sphériques, constituées d'un nuage chargé positivement et fixe (le noyau) et d'un nuage chargé négativement et mobile (les électrons), liés uniquement par l'attraction électrostatique. C'est le modèle du plasmon de Mie : les mouvements des charges rayonnent une onde électromagnétique.

L'origine de ces mouvements est due à l'absorption d'un photon, qui fournit une impulsion au nuage électronique[5]. Il y a donc absorption puis réémission : c'est bien un phénomène de diffusion.

La description du phénomène peut être faite en considérant les mouvements relatifs des « nuages » :

1. à l'origine, ils sont confondus, l'ensemble est neutre ;
2. un photon est absorbé par le nuage électronique, qui se déplace ;
3. le déplacement des électrons crée un excès de charges, qui attire les nuages l'un vers l'autre ;
4. cette accélération engendre un rayonnement ;

Il peut se produire plusieurs oscillations, mais l'énergie est progressivement perdue par rayonnement, et le système revient à l'équilibre. En particulier, la diffusion est globalement isotrope.

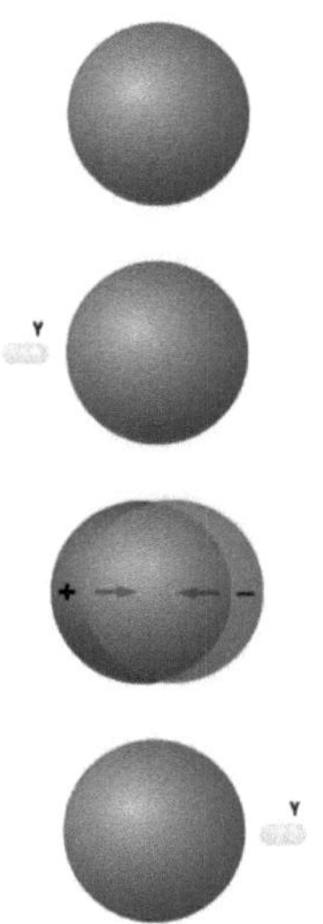

Illustration du modèle du plasmon de Mie. Une molécule absorbe un photon, est perturbée, puis réémet un photon.

Le plasmon de Mie est distinct des modèles utilisés par la théorie de la diffusion Rayleigh : en effet, cette dernière utilise l'électron élastiquement lié. Dans ce modèle, qui est une approximation des résultats de mécanique quantique à l'ordre 2, la force de rappel exercée sur les électrons est proportionnelle au carré de l'écart x — pour le plasmon de Mie, la force de rappel est proportionnelle à l'inverse du carré de l'écart.

Cette expression implique qu'un photon d'énergie suffisante pourrait séparer le noyau de ses électrons, autrement que par un processus d'ionisation, ce qui n'est pas acceptable physiquement : le modèle du plasmon de Mie n'est valable que pour des longueurs d'onde suffisamment larges.

Notes et références

[1] **(de)** Gustav Mie, « *Beiträge zur Optik trüber Medien, speziell kolloidaler Metallösungen* ». *Ann. Phys. Leipzig* **25**, 377–445 (1908) ;

[2] **(de)** « *Grundlagen der atmosphärischen Optik* (http://www.gup.uni-linz.ac.at/thesis/diploma/paul_heinzlreiter/html/node11.html#SECTION00543000000000000000) ».

[3] Il est également possible d'étudier le problème par d'autres méthodes, voir par exemple **(de)** « *Mie-Streuung und Lokalisierung* (http://www.staff.uni-mainz.de/oschmidt/thesis/node15.html) ».

[4] **(pl)** « *Wykład 3. Rozpraszanie promieniowania* (http://www.igf.fuw.edu.pl/~kmark/Wyklad3.pdf) »

[5] Bien que ce modèle utilise l'énergie du photon, résultat quantique lié à la constante de Planck, le plasmon de Mie n'utilise que des arguments de mécanique classique.

Voir aussi

Articles connexes

- Diffusion Rayleigh / Effet Tyndall ;
- Diffusion Compton
- Optique ondulatoire.

Liens externes

- **(en)** Animations de la diffusion Mie (http://bernstein.harvard.edu/research/nearfield/fdtd/FDTD SERS.html) pour différentes particules ;
- **(en)** Calculateur en ligne de la diffusion Mie (http://omlc.ogi.edu/calc/mie_calc.html) ;
- **(en)** Implémentations de la diffusion Mie (http://www.T-Matrix.de) en C, C++, Fortran, Matlab et Mathematica ;
- Une autre illustration de la théorie de Mie (http://www.cilas.com/principe-de-granulometrie.html)

Bibliographie

- **(en)** A. Stratton, *Electromagnetic Theory*. McGraw-Hill, New York, 1941 ;
- **(en)** H. C. van de Hulst, *Light scattering by small particles*. Dover, New York, 1981 ;
- **(en)** M. Kerker, *The scattering of light and other electromagnetic radiation*. Academic, New York, 1969 ;
- **(en)** C. F. Bohren, D. R. Huffmann, *Absorption and scattering of light by small particles*. Wiley-Interscience, New York, 1983 ;
- **(en)** P. W. Barber, S. S. Hill, *Light scattering by particles: Computational Methods*. World Scientific, Singapour, 1990 ;
- **(en)** Hong Du, « *Mie-scattering calculation* », *Applied Optics* **43** (9), 1951-1956 (2004).
- **(en)** Thomas Wriedt, « *Mie theory 1908, on the mobile phone 2008* », *J. Quant. Spectrosc. Radiat. Transf.* **109** , 1543–1548 (2008).

Diffusion Rayleigh

La **diffusion Rayleigh** est un mode de diffusion des ondes, par exemple électromagnétiques ou sonores, dont la longueur d'onde est beaucoup plus grande que la taille des particules diffusantes. On parle de diffusion élastique, car cela se fait sans variation d'énergie, autrement dit l'onde conserve la même longueur d'onde.

Lorsque les particules ont une taille suffisamment grande devant la longueur d'onde incidente, il faut utiliser d'autres théories comme par exemple la théorie de Mie qui fournit une solution exacte à la diffusion par des particules sphériques de taille quelconque (la diffusion de Rayleigh est un cas limite de la théorie de Mie).

Elle est nommée d'après John William Strutt Rayleigh, qui en a fait la découverte.

Diffusion de Rayleigh des ondes électromagnétiques

L'onde électromagnétique peut être décrite comme un champ électrique oscillant couplé à un champ magnétique oscillant à la même fréquence. Ce champ électrique va déformer le nuage électronique des atomes, le barycentre des charges négatives oscillant ainsi par rapport au noyau (charge positive). Le dipôle électrostatique ainsi créé rayonne, c'est ce rayonnement induit qui constitue la diffusion Rayleigh.

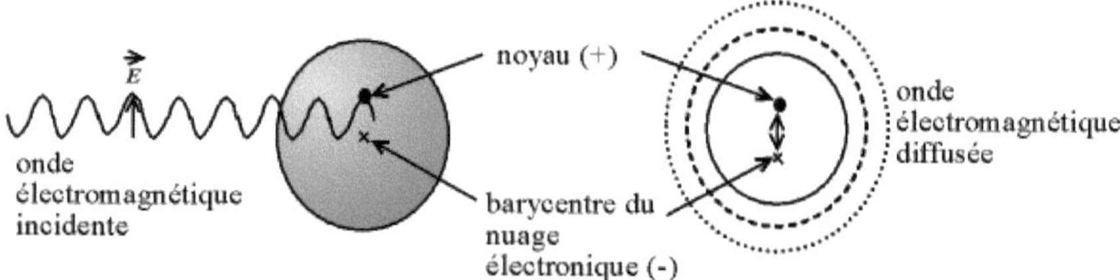

Diffusion Rayleigh : l'atome, excité par l'onde électromagnétique, réémet une onde

Ce modèle physique est cohérent avec le principe de Huygens-Fresnel dans le cas de la propagation dans un milieu matériel : les atomes réémettent réellement les ondes qu'ils reçoivent.

Dans le modèle de l'électron élastiquement lié, on considère que la force reliant le barycentre du nuage électronique au noyau est proportionnelle à la distance les séparant. On peut ainsi calculer la puissance rayonnée dans une direction donnée en fonction de la longueur d'onde (le rayonnement se fait dans toutes les directions, mais l'intensité varie en fonction de l'angle par rapport à l'onde incidente).

Cas particuliers

Couleur du ciel

L'intensité est fortement dépendante de la longueur d'onde et de l'angle de vue. Ceci, plus les particularités de la vision photopique, permet d'expliquer pourquoi le ciel est bleu en plein jour et pourquoi le Soleil est rouge à son lever et à son coucher. Le ciel est de plus en plus bleu à mesure qu'on s'éloigne de la direction du soleil ce qui résulte de la sélection par la loi de Rayleigh des ondes du spectre visible.

La dispersion de Rayleigh n'est valide que pour la dispersion de la lumière par les molécules jusqu'environ un dixième de la longueur d'onde de la lumière incidence. Au-delà de ce rapport, nous avons affaire à la théorie de Mie.

Coloration bleue et verte des plumes

La plupart des oiseaux disposant de plumes vertes ou bleues, comme les espèces du genre *Pavo*, ne synthétisent pas de pigments de ces couleurs[1] . Ceci n'est possible que grâce à l'effet Tyndall. La couleur se visualise sur les ramifications latérales de la plume appelées barbes, les cellules la constituant peuvent contenir des microgranules à l'origine de ce phénomène. En effet, les rayons incidents à la plume rencontrent des microgranules de mélanine (noire) de très petite taille et peu concentrées, ces microgranules réfléchissent donc les ondes bleues et laissent filtrer les rayons à grande longueur d'onde. Une partie de ces rayons peut être réfléchie par des pigments situés sous les microgranules (cas des plumes vertes qui contiennent des pigments jaunes), le reste des longueurs d'onde est absorbé par des microgranules très concentrées. Ainsi la plume ne présente pas le même ton de couleur selon l'angle (phénomène d'irisation), et de dos la plume est de couleur noire (la couleur de la mélanine). Ce phénomène est semblable aussi pour la coloration des yeux chez l'homme.

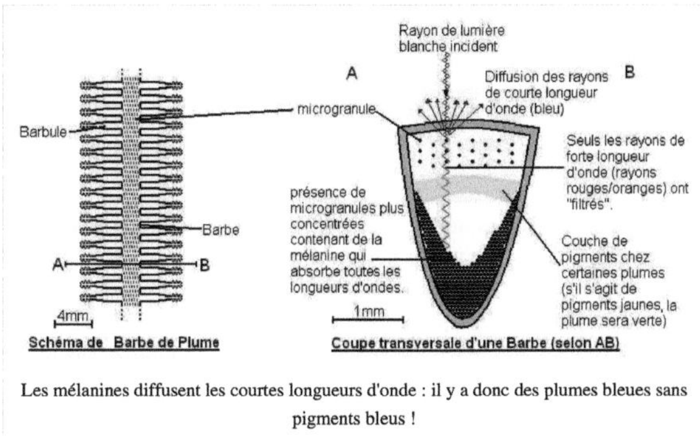

Les mélanines diffusent les courtes longueurs d'onde : il y a donc des plumes bleues sans pigments bleus !

Cas d'un rayonnement particulaire

Lorsque le rayonnement n'est pas électromagnétique mais particulaire (neutron, particule alpha), on observe également une diffusion élastique. Celle-ci résulte du principe d'incertitude d'Heisenberg : comme la particule est bien localisée, l'incertitude sur son impulsion, donc notamment sa direction, est grande, il y a donc une diffusion isotrope. Pour bien comprendre ceci, il faut également bien comprendre la notion de dualité onde-particule.

Voir aussi

Articles connexes

- Diffusion élastique
- John William Strutt Rayleigh
- Diffusion Compton
- Interaction rayonnement-matière
- Cristaux photoniques

Notes

[1] Plumes (http://pst.chez-alice.fr/plumes.htm)

Système horaire

Heure actuelle sur le serveur Wikipédia	
12 heures :	7,13 h am
24 heures :	7 h 13

Les principaux **systèmes horaires** utilisés sont le système horaire de 24 heures qui numérote les 24 heures du jour de minuit inclus à minuit exclu (0 h à 23 h) et le système horaire de 12 heures qui énumère les 12 heures ante meridiem, le matin, de minuit inclus à midi exclu (12 am, 1 am, ..., 11 am) et les 12 post meridiem, l'après-midi et le soir, de midi inclus à minuit exclu (12 pm, 1 pm, ..., 11 pm).

Le standard international ISO 8601 traitant de la représentation numérique de la date et de l'heure utilise le système horaire des 24 heures, usage retenu par la majorité des États. Le système des 12 heures est courant y compris à l'écrit dans de nombreux pays de langue anglaise (Australie, Afrique du Sud, Belize, États-Unis, Royaume-Uni), une partie de l'Amérique latine (dont le Mexique) , en Grèce et en Albanie, bien que la notation sur 24 heures soient employée dans certains secteurs (transports, armée afin d'éviter les confusions) ou dans les disciplines scientifiques. Dans la plupart des autres pays, où l'usage formel retient le système des 24 heures, les horloges analogiques consacrent celui des 12 heures.

Un cas inusuel de montre analogique utilisant le système des 24 heures.

Un **système horaire de 6 heures**, codifié par le roi de Thaïlande Rama V au début du XXe siècle, est encore d'emploi dans le registre familier thaï : quatre périodes de la journée (petit matin, matin, après-midi, soirée) y sont divisée en six heures. Un système de dix heures, dit temps décimal, fut d'usage officiel en France de 1793 à 1795.

12 heures	12 am	1 am	2 am	3 am	4 am	5 am	6 am	7 am	8 am	9 am	10 am	11 am	12 pm	1 pm	2 pm	3 pm	4 pm	5 pm	6 pm	7 pm	8 pm	9 pm	10 pm	11 pm
24 heures	0 h	1 h	2 h	3 h	4 h	5 h	6 h	7 h	8 h	9 h	10 h	11 h	12 h	13 h	14 h	15 h	16 h	17 h	18 h	19h	20 h	21 h	22 h	23 h

|+ *Correspondance entre systèmes horaires. Minuit est noté 12 am mais 0 h (rarement 24 h) ; midi 12 pm et 12 h.*

Annexes

Articles connexes

- Heure
- Temps décimal
- Heure Internet
- Calcul horaire
- Système horaire sur 12 heures
- Système horaire sur 24 heures

Analemme

L'**analemme** (ou **analème** même racine que *lemme*[2]) désigne de nos jours la figure tracée dans le ciel par les différentes positions du Soleil relevées à une même heure et depuis un même lieu au cours d'une année calendaire.

Analemme.

Réalisation

Cette figure ne peut être mise en évidence que par photographie ou en simulant le phénomène dans un programme d'astronomie ou à l'aide d'un planétarium. Une telle figure n'est pas propre à la Terre et peut être visible, sous d'autres formes depuis d'autres planètes. Sur Terre, l'analemme a une forme de « 8 », sur Mars c'est une « goutte d'eau ».

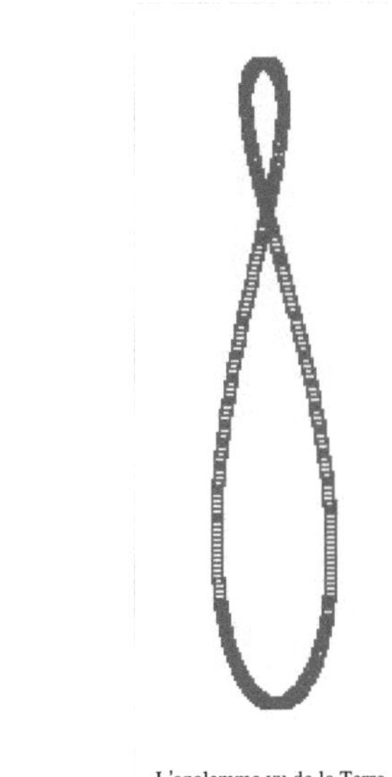

L'analemme vu de la Terre à midi.

La coordonnée verticale d'un point correspond à la déclinaison du Soleil alors que la position horizontale indique le décalage entre l'heure solaire apparente et l'heure solaire moyenne, c'est-à-dire une heure qui suit l'heure donnée par une montre.

L'écart entre ces deux temps s'appelle *équation du temps*. Elle est la résultante de deux effets. D'abord, à cause de l'excentricité de l'orbite de la Terre et de la deuxième loi de Kepler, la vitesse apparente de déplacement du Soleil n'est pas constante. Ensuite le temps solaire moyen est donné pour un Soleil fictif se déplaçant sur l'équateur alors que le Soleil se déplace le long de l'écliptique, il faut donc tenir compte de l'inclinaison de l'axe de rotation de la Terre par rapport au plan de l'écliptique.

L'orientation de l'analemme dépend de l'heure. Vers midi local, la forme du huit est presque droite par rapport au méridien, comme sur l'illustration présentée ci-contre. A un autre heure de la journée le huit est incliné à gauche (matin) ou à droite (après-midi) : il suit le grand cercle de la voûte céleste distant du midi de l'angle horaire correspondant à l'heure choisie. Même à midi, la forme n'est pas symétrique, que ce soit par rapport à un axe horizontal ou vertical, car les dates de passage au périhélie et à l'aphélie (symétrie pour ce qui concerne l'effet de l'excentricité) ne correspondent pas avec les solstices (symétrie pour ce qui concerne l'effet de l'inclinaison).

Cette courbe est parfois tracée directement sur les cadrans solaires afin de leur faire indiquer le midi moyen suivant les saisons : elle est l'image de cet analemme. Le cadran peut même se réduire à sa seule ligne de midi accompagnée de l'analemme : il prend alors le nom de méridienne dite « de temps moyen ». Il est même possible de remplacer chaque ligne horaire par une courbe en huit : le cadran indique alors directement l'heure moyenne et, si on tient compte du décalage en longitude, l'heure TU

Notes

Usage

En France, traditionnellement, on parle simplement de *courbe en huit*. Le mot *analemme* est venu récemment de Grande-Bretagne et d'Allemagne.

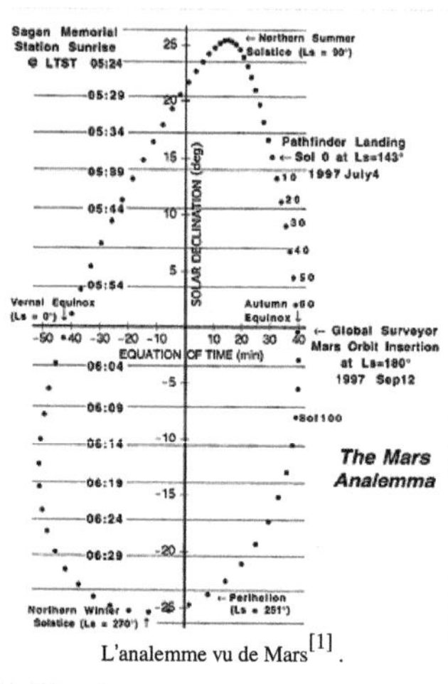

L'analemme vu de Mars[1] .

Homonymie

Il ne faut pas confondre cet analemme avec la figure du même nom, qui lui est historiquement bien antérieure[3] , et qui servait à tracer des cadrans solaires ou établir géométriquement la hauteur du soleil. Elle résultait de la projection de la sphère céleste sur le plan méridien.

Références

[1] **(en)** *Telling Time on Mars* (http://www.giss.nasa.gov/research/briefs/allison_02/) par Michael Allison — janvier 1998.
[2] Définitions lexicographiques (http://www.cnrtl.fr/lexicographie/analème) et étymologiques (http://www.cnrtl.fr/etymologie/analème) de « analème » du CNRTL.
[3] L'analemme d'Anaximandre à Ptolémée (http://cadrans_solaires.scg.ulaval.ca/cadransolaire/p8v8no4.html)

Voir aussi

Articles connexes

- Cadran solaire
- Équation du temps
- Soleil
- Terre

Liens externes

- **(en)** www.analemma.com (http://www.analemma.com)
- **(en)** Site d'un astronome amateur grec (http://www.perseus.gr/Astro-Solar-Analemma.htm) contenant de nombreuses photos.

Coucher de soleil

Le **coucher de soleil** est le moment auquel le Soleil disparaît derrière l'horizon, dans la direction de l'Ouest. Il s'agit d'un phénomène quotidien causé par la rotation de la Terre. L'expression *coucher de soleil* ne reflète bien sûr qu'une apparence, car le soleil ne se couche pas, c'est le mouvement de rotation de la Terre qui donne cette impression. Il en est de même pour le lever de soleil qui est le moment où le Soleil apparaît à l'horizon, à l'est.

Coucher de soleil au-dessus du Golfe de Tarente.

Un coucher de soleil au-dessus de l'océan vu de l'espace, photographié à partir de la Station spatiale internationale. Le terminateur est clairement visible.

Course du soleil

Coucher du soleil à Hong Kong (3 juillet 2005), et un calcul du déplacement du soleil à des intervalles de 4 minutes.

Dire : « Le soleil se lève à l'Est et se couche à l'Ouest » est une approximation. Il ne le fait que deux fois par an, aux équinoxes. Quel que soit l'endroit d'observation sur Terre, ses points de lever et de coucher se déplacent vers le Nord après l'équinoxe de printemps et atteignent leur écart maximum par rapport à l'Est et à l'Ouest lors du solstice d'été. Ensuite, les points de lever et de coucher redérivent à nouveau pour retrouver l'axe Est-ouest à l'équinoxe d'automne. Ensuite, à l'inverse, jusqu'au solstice d'hiver, les points de lever et de coucher se déplacent vers le Sud.

Pour illustrer ce phénomène, l'image montre un calcul des positions successives du soleil à des intervalles de 4 minutes le 3 juillet 2005 ; au solstice (20 juin), la trajectoire se situe à droite à environ un diamètre solaire. À gauche, le déplacement du soleil 1 mois plus tard (3 août).

Différents couchers de soleil (effets atmosphériques)

Rayon vert

Le rayon vert est un phénomène optique de réfraction dû à l'atmosphère lorsque le soleil se couche. On voit alors apparaître un point vert, juste au-dessus de l'horizon, pendant un court instant.

Un rayon vert à l'Observatoire de La Silla (ESO)

Soleil rouge

Un soleil rouge

C'est aussi un effet dû à l'atmosphère. En s'approchant de l'horizon, on peut parfois voir le soleil rougir. Bien sûr le Soleil ne change pas de couleur, mais c'est l'atmosphère qui lui donne cette apparence : les rayons solaires traversent une épaisseur d'atmosphère plus importante, et la diffusion, également plus importante ne laisse alors que la couleur rouge. Parfois, cela peut même virer au violet.

Une variante : lorsque le soleil vire au violet

Soleil découpé

Le soleil découpé, ou plus exactement, en franges, est un effet atmosphérique un peu particulier, et surtout, beaucoup plus rare. Il s'agit d'un soleil couchant, dont la moitié inférieure est découpée en franges.

Impact sur l'organisation des villes

Le célèbre géographe français Élisée Reclus fait remarquer dans son ouvrage *L'Homme et la Terre* que compte tenu de la pollution atmosphérique(lumineuse, chimique) qu'entraînent les activités des villes, les personnes les plus aisées se localisent plutôt dans les parties Ouest des villes pour pouvoir profiter du coucher de soleil.

> « On a souvent prétendu que les villes ont tendance à grandir incessamment vers l'ouest, ce fait que l'on constate en nombre de cas se comprend très bien dans les contrées de l'Europe occidentale et dans celles qui ont un climat analogue puisqu'en ces pays le côté de l'Occident est celui d'où le vent souffle avec le plus de fréquence. Les habitants qui s'établissent dans les quartiers tournés vers l'air libre ont moins à craindre les maladies que les gens demeurant à l'autre extrémité des villes sous un vent qui s'est chargé d'impuretés en passant au-dessus des cheminées, des bouches d'égouts et des milliers voire millions de personnes humaines. En outre il ne faut pas oublier que les riches des oisifs des artistes qui le soir se plaisent à le voir descendre dans les nuées resplendissantes deux personnes humaines peuvent jouir pleinement de la contemplation des cieux ont plus souvent l'occasion d'admirer les beautés du crépuscule que celle de l'aurore ils le suivent inconsciemment le mouvement du soleil dans sa direction de l'Est à l'Ouest[Quoi ?]„. »

Coucher de soleil martien

Coucher de soleil sur Mars.
Photo prise par Mars Pathfinder

La distance Terre-Soleil étant plus petite que la distance Mars-Soleil, le Soleil apparaît plus petit sur Mars.

Galerie

Coucher de soleil sur nuages *funnel*

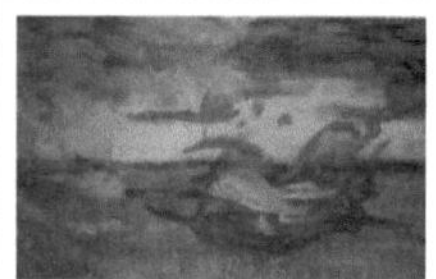
Coucher de soleil sur l'Adriatique, par Boronali

Aruba

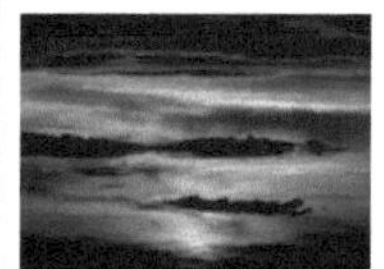
Biarritz

Pont de l'île d'Oléron

Hong Kong

Houat

Malawi

Mimizan

Montsoreau

Namur, Belgique

Swifts Creek, Australie

El Palo, Espagne

Baobabs, Madagascar

Massif de la Chartreuse, France

Golfe de Campeche, Mexique.

Agadir, Maroc.

Agadir, Maroc.

Chengde, République populaire de Chine.

VLT, Chili

Voir aussi

Articles connexes

- Crépuscule
- Nuit
- Aube
- Couleur du ciel
- Heure bleue
- Rayon vert
- Soleil de minuit

Liens externes

- Les couchers de soleil [1] sur meteo.org
- Expérience du coucher de soleil [2] (deux expériences à réaliser)
- [vidéo] Expérience du coucher de soleil [3] sur le YouTube.com

References

[1] http://www.meteo.org/phenomen/soleil.htm
[2] http://planet-terre.ens-lyon.fr/planetterre/XML/db/planetterre/metadata/LOM-coucher-soleil.xml
[3] http://fr.video.yahoo.com/video/play?vid=1155532

Crépuscule

Le **crépuscule** est la lueur atmosphérique présente avant le lever ou après le coucher du soleil. Le terme désigne également le moment de la journée où cette lueur est visible. Le crépuscule du matin est communément appelé *l'aube*.

Causes

La cause du crépuscule est la diffusion de la lumière du Soleil par les couches hautes de l'atmosphère.

Au moment où le Soleil s'approche de l'horizon, sa lumière traverse une couche atmosphérique plus importante (cf. ci-contre). Ceci a pour effet d'augmenter la largeur du spectre diffusé. La seule lumière transmise, et non diffusée, est alors celle des basses fréquences, le rouge.

Statue en contrechamp sur la côte de la mer d'Irlande, Liverpool, Angleterre.

Durée

La durée du crépuscule dépend de la latitude de l'observateur : dans les régions arctiques et antarctiques, il peut durer plusieurs heures ou ne pas être présent du tout, tandis qu'à l'équateur, il peut disparaître en moins de 20 minutes. Aux latitudes moyennes, le crépuscule est au plus court à l'approche des équinoxes, plus long vers le solstice d'hiver et encore plus long vers le solstice d'été.

Au-delà des cercles polaires, le Soleil ne se couche pas à l'époque du solstice d'été. Aux latitudes élevées, en deçà de ces cercles, le Soleil descend sous l'horizon mais le crépuscule se poursuit de son coucher à son lever, un phénomène connu sous le nom de jour polaire. Au-dessus d'environ 60° de latitude, le crépuscule civil se poursuit toute la nuit à cette période. Au-dessus de 55°, c'est le cas du crépuscule nautique. Enfin, le crépuscule astronomique peut durer toute la nuit pendant plusieurs semaines ou plusieurs jours jusqu'à une latitude de 48,6°.

Divisions

Crépuscule civil

Le crépuscule civil est la période où le centre du Soleil est situé à moins de 6° sous la ligne d'horizon ; il s'agit ici d'un horizon idéalisé, situé à 90° du zénith.

Pendant le crépuscule civil, les planètes et les étoiles les plus brillantes apparaissent et il subsiste encore suffisamment de lumière pour que la plupart des activités ne nécessitent pas de sources de lumières artificielles.

Crépuscule nautique

Le crépuscule nautique est la période où le centre du Soleil est situé entre 6° et 12° sous l'horizon.

Il s'agit du moment où les étoiles de deuxième grandeur deviennent visibles ; en même temps, en mer, la ligne d'horizon est toujours visible permettant ainsi de faire un point astronomique avec les étoiles. À la fin de cette période, en soirée, ou à son début, en matinée, les dernières ou premières lueurs peuvent être discernées dans la direction du Soleil.

Près du crépuscule au Mexique.

Crépuscule astronomique

Le crépuscule astronomique est la période où le centre du Soleil est situé entre 12° et 18° sous l'horizon.

Pendant le crépuscule astronomique, et dans le cas d'un ciel dégagé de toute pollution lumineuse, les étoiles les plus faibles visibles à l'œil nu, vers la magnitude apparente 6, apparaissent. Du point de vue astronomique, il subsiste cependant suffisamment de lumière pour que les objets diffus comme les nébuleuses ou les galaxies ne puissent pas être observés dans des conditions satisfaisantes, même si cette lumière est imperceptible à l'œil nu.

Le soir, la fin du crépuscule astronomique marque le début de la nuit complète ; le matin, c'est la fin de la nuit, l'apparition des toutes premières lueurs de l'aube.

Sens figuré

- Le crépuscule de la vie.
- *Le Crépuscule de la civilisation*, titre d'un livre de Jacques Maritain publié en 1939.
- *Boulevard du crépuscule* ou *Sunset Boulevard*, film noir américain, réalisé et co-écrit par Billy Wilder.
- *Le Crépuscule des dieux* (ou *Götterdämmerung*), drame musical de Richard Wagner.
- Le *Crépuscule des idoles*, œuvre du philosophe Friedrich Nietzsche.

Crépuscule sur le lac de Constance.

Voir aussi

Articles connexes

- Aube
- Heure bleue
- Pénombre
- Nuit
- Nuage noctulescent

Liens externes

- (en) *Twilight time calculator* [1]
- (en) Comment calculer la durée du crépuscule [2]

References

[1] http://www.usno.navy.mil/USNO/astronomical-applications/data-services/rs-one-year-us
[2] http://herbert.gandraxa.com/herbert/lod.asp

Article Sources and Contributors

Lever de soleil *Source*: http://fr.wikipedia.org/w/index.php?title=Lever_de_soleil *Contributors*: Baronnet, Cantons-de-l'Est, Chiffreville, Ffx, Grozila, Gyrostat, Gzen92, Jerome66, Ji-Elle, Leuviah, Pompom6784, Poulpy, Warp3, Zetud, 11 anonymous edits

Jour *Source*: http://fr.wikipedia.org/w/index.php?title=Jour *Contributors*: 16@r, AlefZet, Alvaro, Ambigraphe, Astrolabe, BTH, Baronnet, Boite45, Cantons-de-l'Est, Cdang, Cœur, Dauphiné, David Berardan, Dirac, Droopy nico, Elemiah, FFF, Fab97, Ffx, Freewol, Frédéric Priest-monk, Gruznov, Gulliveig, Guérin Nicolas, Gz260, Gzen92, Hezzel, Howard Drake, JLM, Jrcourtois, Julianedm, Jusjih, Kadwalan, Kilith, Kneiphof, Korrigan, Lady9206, LairepoNite, Leag, Like tears in rain, Looxix, MOSSOT, Marc Mongenet, Melnofil, Michel BUZE, Mogador, Moyogo, Oimabe, Olrick, Ork, Orthogaffe, Pabix, Panoramix, Paul Martin, PierreSelim, Piku, Pmx, Rhadamante, Rominandreu, Salsero35, Sanao, Sandrine, Seudo, Stanlekub, Tegu, TigH, Treanna, United, Urhixidur, Verdy p, Vivarés, VonTasha, Wikipedix, Xiglofre, Zegino, ZoliveR, 45 anonymous edits

Soleil *Source*: http://fr.wikipedia.org/w/index.php?title=Soleil *Contributors*: Abracadabra, Abrahami, Acélan, Aither, Akeron, Alain r, Alchemica, Alibaba, Alphatwo, Alphos, Alvaro, Amaryllis, Amelie S, Anarchimede, Anne Barnley, Ansaldo, AntonyB, Archeos, Archibald Tuttle, Argos42, Aristoi, Aristy88, Arkanosis, ArnoLagrange, Arria Belli, ArséniureDeGallium, Asavaa, Badmood, Balougador, Baronnet, Baruch, Bayo, Beaced2, Benoit.thiery, Bernardtlt, Bertol, Besnier.m, Bilou, Biwak57, Blub, Blue02, BlueGinkgo, Bob Saint Clar, Bobby, Bradipus, Buzz, Caca51, Cantons-de-l'Est, Captainm, Carlotto, Carol5189, Ccmpg, Cdang, Cessna150, Cfoellmi, Cham, Charlylejardinier, Chatsam, Chesnok, Cit vësco, Cl;nintendods, Clashman, Clauchau, Cmagnan, Coccopudepoil, Cody escadron delta, CommonsDelinker, ComputerHotline, Coolmen, Coyau, Coyote du 86, Creasy, Cyberblade, Céréales Killer, Daniel Case, Dauphiné, Deansfa, Dfeldmann, Dhenry, Didier, Didier Favre, Didierv, Dirac, Djyboob, Doalex, Doch54, DocteurCosmos, Droopy nico, DuoSRX, EDUCA33E, Effacez ce compte, Eiffele, Einstein, Elemiah, Elfix, En passant, EnergieVair, Erlvert, Erwan Kerzreho, F5ZV, Fafnir, Faispartie, Felix Gagnon, Ffx, Florival fr, Flying jacket, Forcimonie, Former user 1, Fpaletou, Francois Trazzi, FreD, Fremichel, GLec, GaMip, Gemme, Ginkgo, Giordano Bruno, Graffity, Graoully, Grimlock, Grondin, Gronico, Grook Da Oger, Guiguihc08, Guillaume70, Guillom, Guérin Nicolas, Gypaete, Gz260, Gzen92, HB, HPaul, Harmonia Amanda, Hbbk, Hejsa, Helldjinn, Henrik7, Hercule, Herr Satz, Hevydevy81, Hlm Z., Hémant, IAlex, Ico, Ingried, Inisheer, JB, JLM, Jaccard, Jean-Christophe BENOIST, Jef-Infojef, Jejecam, Jerome Charles Potts, Jerome.Abela, Jerome66, Jerome72, Jotun, Jrcourtois, Jules78120, Jusjih, Jyp, Keitaro-59, Kelson, Khayman, Khrys63, Kilith, Klein, Kokin, Korg, Korrigan, Kropotkine 113, Kyle the hacker, Kyro, LD93, Laurent Nguyen, Laurent75005, Le Père Odin, Le gorille, Le sotré, Leag, Legalpower, Lekium85, Letartean, Lin Dan4, Linedwell, Lithium57, Litlok, Lomita, Looxix, Louperivois, Loveless, Lu-VIC, Lucien Duval, Lviatour, MKasser, MPO man, Maloq, Manchot, Manu181, Marc Mongenet, Matthieu Deuté, Matthieu Kretzschmar, Maurilbert, Mayonaise, Med, Medium69, Mehditamel, MerveillePédia, MetalGearLiquid, MicroCitron, Mig, Milord, Moez, Moumousse13, Mr Patate, Nakor, Nanoxyde, Nataraja, Nath2, Natmaka, Necrid Master, Neef, Nerdy99, Neuromancien, Nias, Nicodeme, Nicolas Lardot, Oblic, Oliezekat, Olrick, Orthogaffe, Oxo, Oyvé, P@c, Pallas4, Pascal57, Pascalou petit, Patriksson, Patrinet, Pautard, Pem, Peter 111, Phe, Pinockio007, PivWan, Pixeltoo, Pld, Pline, Ploum's, Pmiize, Poloboss77, Portalian, PouX, Poulos, Poulpy, Pseudomoi, Ptipro71, Pymouss, Remi, Rinaldum, Riovas, RobertFeldle, Rogilbert, Romary, Rominandreu, Rouss, Ryo, Saforrest, Salsero35, Samm, Sanao, Sbrunner, Schiste, Serge Harvey-Gauthier, Sigo, Simorg, Sixsous, Solensean, Sophocle, Stanlekub, Stéphane33, SuperHeron, Tarap, The RedBurn, The Titou, Thelionblak, Theoliane, Tieum512, Timoonn, Tintinus, Tomious67, Tonymainaki, Toto Azéro, Tpa2067, Treanna, Treehill, Trixt, Tsaag Valren, Tu'imalila, Ulysse2000, Urhixidur, VIGNERON, Valf, Vali103, Vincnet, Vivarés, Vlaam, VonTasha, Wanderer999, Weft, Wiki-User03, XbY, Xofc, Xx-maxm-xx, Yanajin33, Yelkrokoyade, Zelda, Zetud, Ziigloop, Zorlot, Émeric, 620 anonymous edits

Horizon *Source*: http://fr.wikipedia.org/w/index.php?title=Horizon *Contributors*: Akzo, Aladin34, Alain r, Archimëa, Asibasth, Bapt1steD, Bidibou, Dauphiné, Ediacara, Ellisllk, Fafnir, François-Dominique, Fv, GaMip, Gdgourou, Grum, Hégésias, Jerome66, Korrigan, L'amateur d'aéroplanes, LPLT, Litlok, Lomita, Marc Girod, Martien19, Martinealaplage, Michel BUZE, Mro, Mythe, Nod gwen, Notron, Parisdreux, Patangel, Phe, Plussoie, R, Ripounet, Robert Weemeyer, Sanao, Sisqi, Stanislas le bibliothécaire, Stanlekub, Traroth, Tvpm, Ultrogothe, Wateralchemist, Zoodollar, Zubiburu, 16 anonymous edits

Aube (temps) *Source*: http://fr.wikipedia.org/w/index.php?title=Aube_%28temps%29 *Contributors*: Baldodo, CommonsDelinker, ComputerHotline, Cymbella, David602b, Ecclecticus, Elfix, Fallon6, Frederic mannheim, GaMip, Haltopub, Holycharly, JB, Jborme, Jerome66, Ji-Elle, Khayman, L'artifolia, Leodekri, Manuguf, Meliiee, Meodudlye, Michel BUZE, Noritaka666, Nyro Xeo, Poulpy, RoxaneB, Ruizo, Sirdesk, Stanlekub, Thierry Caro, Vargenau, Whazza, 17 anonymous edits

Ciel *Source*: http://fr.wikipedia.org/w/index.php?title=Ciel *Contributors*: ADM, Akzo, Alain r, Aostus, Baudryquentin, Bayat, Bjung, Céréales Killer, Dauphiné, David Berardan, Devna, Dhatier, Dsant, Emmanuel legrand, Encolpe, Fv, GFDL fan, GaMip, Guillaume70, HAL, Kōan, La Reine d'Angleterre, Leag, Lmaltier, Michel BUZE, Mogador, Moyogo, Paternel 1, Piku, Pld, Rominandreu, STyx, Sebjarod, Sebleouf, Sherbrooke, Tegu, Van Rijn, Xavierb, 31 anonymous edits

Inclinaison de l'axe *Source*: http://fr.wikipedia.org/w/index.php?title=Inclinaison_de_l%27axe *Contributors*: Adrienbruno, Badmood, BlaF, Blogbreather, Chaoborus, Daelomin, Dhenry, Fafnir, Former user 1, Frfr37, Grum, Jblndl, Jd, JihemD, Lady9206, Laurent, Les4y, Little Goliath, Looxix, Orthogaffe, Oxam Hartog, Papydenis, Pautard, Pierre Chanial, Pogzy, Rominandreu, Soixante.deux.cent-quarante-sept, Urhixidur, Zegino, 28 anonymous edits

Excentricité orbitale *Source*: http://fr.wikipedia.org/w/index.php?title=Excentricit%C3%A9_orbitale *Contributors*: AntonyB, Asabengurtza, Badmood, Denys, Franzzzzzzzz, GL, GLec, Grecha, Guyou, Jd, Jplm, Kosame, Nono64, Pld, Plic, Poulpy, Rogilbert, Romanc19s, Rominandreu, Safinou, Sanao, Sharayanan, Shayabe, Skiff, VIGNERON, Yoyo22000, Zaharia, 6 anonymous edits

Équation du temps *Source*: http://fr.wikipedia.org/w/index.php?title=%C3%89quation_du_temps *Contributors*: Alexvial, Arria Belli, BTH, Badmood, Bigi111, Cmagnan, Complex (de), Cyrilarnoult, DC2, Daniel exb, Dirac, Fabrice Dury, Flo, Fred-fougere, GLec, Ggal, Grecha, Gribeco, Ilanpi, Jblndl, Jorunn, Laddo, Lady9206, LardonCru, Laurent Nguyen, Laurent75005, Linan, Looxix, Lysosome, Moez, Phe, Philllippe, Pld, Sherbrooke, Spedona, SpintroniK, Tangopaso, Tegmine, Terry0051, Toto Azéro, Touriste, Vivarés, Wanderer999, 22 anonymous edits

Latitude *Source*: http://fr.wikipedia.org/w/index.php?title=Latitude *Contributors*: Abrahami, Alanfeynman, Alef Burzmali, Alpha carinae, Alvaro, Archibald, Arct, Asabengurtza, Badmood, Caesius, Cantons-de-l'Est, Cham, Coyau, Danlud, Dannsuk, Denisab, Dhenry, Fabrice Ferrer, Finwe08, GLec, Gzen92, HawkFest, Hégésippe Cormier, Jblndl, Jerotito, Ji-Elle, Jpm2112, Jymm, Karukera, Klipper, Korrigan, Lady9206, Lanredec, Leridant, Looxix, Louis-garden, Masterdeis, Maxgalopin, Mizalcor, Mro, Orthogaffe, Pcorpet, Pinpin, Poulpy, Pulsar, Rémih, Salix, Skippy le Grand Gourou, Slawojar, Solensean, Spooky, Stanlekub, Takatakata, Tarap, Urobore, Vargenau, VincentPalmieri, Weft, Yann, 73 anonymous edits

Atmosphère terrestre *Source*: http://fr.wikipedia.org/w/index.php?title=Atmosph%C3%A8re_terrestre *Contributors*: Abracadabra, AnTeaX, Archimëa, Arct, Badmood, Balrog8, Ben2, Benjamin bradu, Bionet, Bob08, Bserin, Cagira, Calcineur, Cantons-de-l'Est, Chouca, Christophe.Finot, Colindla, Coyote du 86, Crom1, Davgrps, Dhenry, Démocrite, EDUCA33E, Epop, Fluti, Fm790, FonFon007, Gede, Gemme, Girouette, Grimlock, Grook Da Oger, Gui13, Hevydevy81, Historicair, Hégésippe Cormier, IAlex, ILJR, Ico, IsaF, Jd, Ji-Elle, Joaquín Martínez Rosado, Jplm, Jules78120, Julianedm, Jusjih, Kalviner, Kilith, Kmarawer, Kyro, Lagaffe, Laurent Nguyen, Leag, Lilliputien, Lise1234, LockSher, Loreleil, Ludo29, M LA, Malta, Marc Mongenet, Marc-André Beauchamp, Medium69, Michel BUZE, Mizalcor, N.Perret, Nanoxyde, Nguyenld, Nickele, Nirgal, Oblic, Palamède, Pck, Phe, Pierre cb, Pingui-King, Pinpin, Pioneer6014, Pld, Ploum's, Poppy, Pseudomoi, Rocky7624, Rogilbert, Rominandreu, Rémih, Salmoneus, Shakki, Shawn, Sherbrooke, Shlublu, Simoes, Ske, Skiff, Skippy le Grand Gourou, Spooky, Stanlekub, Tooony, Toto Azéro, Treehill, Tvpm, V.e.r.oo., Valérie75, Van Rijn, Vazkor, Venosis, Vlaam, VonTasha, Webmasterrca, Wimox, Xavierb, Xic667, Xiglofre, Xofc, YSidlo, Yelkrokoyade, Zedh, Zelda, ~Pyb, 217 anonymous edits

Éphéméride (astronomie) *Source*: http://fr.wikipedia.org/w/index.php?title=%C3%89ph%C3%A9m%C3%A9ride_%28astronomie%29 *Contributors*: AnTeaX, Asabengurtza, Baronnet, CLV, Cantons-de-l'Est, Capella, Coyote du 86, Edcolins, GLec, Graffity, Guillaume70, Kirill, Leag, Lysosome, Meodudlye, Nod gwen, Skiff, Stanlekub, Yelkrokoyade, 13 anonymous edits

Cercle arctique *Source*: http://fr.wikipedia.org/w/index.php?title=Cercle_arctique *Contributors*: Astirmays, Badzil, Cardioceras, Dirac, Félix Potuit, Gédé, Heureux qui comme ulysse, J'88, Kasos fr, Le gorille, Ludo29, Manu bcn, Matth97, Musicien, Poulpy, Skiff, Surdox, Thesevenseas, Toto Azéro, Treehill, Việt Chi, 14 anonymous edits

Cercle Antarctique *Source*: http://fr.wikipedia.org/w/index.php?title=Cercle_Antarctique *Contributors*: Biem, Heureux qui comme ulysse, Ice Scream, J'88, Jef-Infojef, Le gorille, Ludo29, Pantelis, Poulpy, Thesevenseas, Treehill, Việt Chi, Vyk, Wj 78, 7 anonymous edits

Équinoxe *Source*: http://fr.wikipedia.org/w/index.php?title=%C3%89quinoxe *Contributors*: AeliusAdrianus, Alco93, Alpha carinae, Arnaud Brunet, B-noa, BTH, Badmood, Best friend fr, Bguillem, Biem, Clatourre, Coquefredouille, DC2, Denys, Dhenry, Duduf, Dujo, En passant, Encolpe, Ertezoute, Fabrice Ferrer, Fafnir, FoeNyx, GLec, Gfombell, Gilles.defaux, Glouk20, Goliadkine, Grigg Skjellerup, Guillaume70, Guy Tariste, Howard Drake, Idarvol, Inisheer, JeRome, Jerome pi, Jperroux, Julianedm, Juraastro, LPLT, Lady9206, LairepoNite, Leag, Litlok, Looxix, Maxgalopin, NicoV, Olivierd, Orthogaffe, Pixeltoo, Pld, Ploum's, Poulpy, Roidecoeur, Scorpius59, Thestreamer, TiChou, Urhixidur, VIGNERON, Vlaam, Xofc, Yparcos, Yves30, Zetud, 59 anonymous edits

Théorie de Mie *Source*: http://fr.wikipedia.org/w/index.php?title=Th%C3%A9orie_de_Mie *Contributors*: Alexvial, Artb33, Bertol, DainDwarf, David Berardan, Elgauchito, Guillom, Jaimie Ann Handson, Kilom691, Kropotkine 113, Laddo, Leag, Pierre cb, Pld, Roger595, Sharayanan, Sherbrooke, Vincent Parbelle, Xfigpower, 16 anonymous edits

Diffusion Rayleigh *Source*: http://fr.wikipedia.org/w/index.php?title=Diffusion_Rayleigh *Contributors*: Asabengurtza, Barraki, Bilou, Cdang, CommonsDelinker, DainDwarf, Ediacara, Elgauchito, Ellisllk, Givet, Grum, Jborme, Jerome66, Kropotkine 113, LeYaYa, Looxix, Mikefuhr, Nataraja, Orthogaffe, Pamputt, Perditax, Pierre cb, Polyp, Poutounet, Stanlekub, Tchise, Tibault, Vincnet, Xfigpower, Yves, 15 anonymous edits

Système horaire *Source*: http://fr.wikipedia.org/w/index.php?title=Syst%C3%A8me_horaire *Contributors*: HB, Isaac Sanolnacov, Ji-Elle, Poulpy, Speculos, TAKASUGI Shinji, Vargenau, 5 anonymous edits

Analemme *Source*: http://fr.wikipedia.org/w/index.php?title=Analemme *Contributors*: Alexvial, Badmood, Chouchoupette, Complex (de), Fabien1309, François-Dominique, GLec, Grecha, Grum, JB, Jpm2112, Lady9206, Looxix, NicoV, Nicolas Lardot, Orthogaffe, Ploum's, Spedona, Stanlekub, TOnin, Toutoune25, VIGNERON, Vitaleyes, Zolishka, 11 anonymous edits

Coucher de soleil *Source*: http://fr.wikipedia.org/w/index.php?title=Coucher_de_soleil *Contributors*: Alain.lerille, Bel Adone, Bgag, Bradipus, Cantons-de-l'Est, CaptainHaddock, Chaoborus, ComputerHotline, Daniel*D, David Berardan, DonCamillo, Démocrite, El Comandante, Encolpe, GaMip, GabHor, Gabriel Caron, Geof, Guillaume70, HAF 932, JB, Jd, Jerome66, Jibi44, Jmencisom, Joaquín Martínez Rosado, Jplm, Julien Jorge, Kolossus, Kyro, Lady9206, Lderafe, Litlok, Lpnab, Maloq, Nyro Xeo, Olivier2000, Penjo, Phicem, Pld, Poulpy, Rawet05, Rogilbert, Sebleouf, Silésie19, Soleildujour, Stephhzz, Treehill, Whazza, 16 anonymous edits

Crépuscule *Source*: http://fr.wikipedia.org/w/index.php?title=Cr%C3%A9puscule *Contributors*: Arrakis, Barraki, BrightRaven, Caknuck, Cfoellmi, François-Dominique, Guimard, Gulliveig, Hercule, Holycharly, JLM, Jerome66, Ji-Elle, Joaquín Martínez Rosado, Jrcourtois, Kolossus, Lady9206, Litlok, LittleSmall, MIRROR, Malost, MetalGearLiquid, Mogador, Monsieur Fou, Nbouchard, OlivierEM, Phe, Pixeltoo, Poulpy, PulkoCitron, Raphaël xyz, Romanc19s, Rominandreu, Spooky, Stanlekub, Super Poirot, Swirl, Sylvainremy, Treehill, 25 anonymous edits

Image Sources, Licenses and Contributors

Image:C solarcorona2003.gif *Source*: http://fr.wikipedia.org/w/index.php?title=Fichier:C_solarcorona2003.gif *License*: unknown *Contributors*: Bawolff, ComputerHotline, Jahobr, Kersti Nebelsiek, RedWolf, Saperaud, Vearthy

Image:Sunrise - Libreville, Gabon - 2008.svg *Source*: http://fr.wikipedia.org/w/index.php?title=Fichier:Sunrise_-_Libreville,_Gabon_-_2008.svg *License*: unknown *Contributors*: User:Poulpy

Image:Sunrise - Dakar, Senegal - 2008.svg *Source*: http://fr.wikipedia.org/w/index.php?title=Fichier:Sunrise_-_Dakar,_Senegal_-_2008.svg *License*: unknown *Contributors*: User:Poulpy

Image:Sunrise - Paris, France - 2008.svg *Source*: http://fr.wikipedia.org/w/index.php?title=Fichier:Sunrise_-_Paris,_France_-_2008.svg *License*: unknown *Contributors*: User:Poulpy

Image:Sunrise - Narvik, Norway - 2008.svg *Source*: http://fr.wikipedia.org/w/index.php?title=Fichier:Sunrise_-_Narvik,_Norway_-_2008.svg *License*: unknown *Contributors*: User:Poulpy

Image:Jamaica sunrise.JPG *Source*: http://fr.wikipedia.org/w/index.php?title=Fichier:Jamaica_sunrise.JPG *License*: unknown *Contributors*: Adam L. Clevenger

Fichier:Sun symbol.svg *Source*: http://fr.wikipedia.org/w/index.php?title=Fichier:Sun_symbol.svg *License*: unknown *Contributors*: Lexicon

Fichier:Solar prominence from STEREO spacecraft September 29, 2008.jpg *Source*: http://fr.wikipedia.org/w/index.php?title=Fichier:Solar_prominence_from_STEREO_spacecraft_September_29,_2008.jpg *License*: unknown *Contributors*: NASA

Fichier:Sun STEREO 4dec2006 lrg.jpg *Source*: http://fr.wikipedia.org/w/index.php?title=Fichier:Sun_STEREO_4dec2006_lrg.jpg *License*: unknown *Contributors*: NASA (Original uploader was Tainter at en.wikipedia)

Fichier:Vie du soleil.jpg *Source*: http://fr.wikipedia.org/w/index.php?title=Fichier:Vie_du_soleil.jpg *License*: unknown *Contributors*: w:en:User:TablizerTablizer traduit par w:fr:Utilisateur:KokinKokin

Fichier:Structure du Soleil.jpg *Source*: http://fr.wikipedia.org/w/index.php?title=Fichier:Structure_du_Soleil.jpg *License*: unknown *Contributors*: Kokin, Sebman81, 1 anonymous edits

Fichier:FusionintheSun.svg *Source*: http://fr.wikipedia.org/w/index.php?title=Fichier:FusionintheSun.svg *License*: unknown *Contributors*: Borb, Clark89, Ephemeronium, Harp, Njaelkies Lea, Wondigoma, Zanhsieh, 7 anonymous edits

Fichier:Sun920607.jpg *Source*: http://fr.wikipedia.org/w/index.php?title=Fichier:Sun920607.jpg *License*: unknown *Contributors*: NASA

Fichier:HI6563 fulldisk.jpg *Source*: http://fr.wikipedia.org/w/index.php?title=Fichier:HI6563_fulldisk.jpg *License*: unknown *Contributors*: CWitte

Fichier:Solar_eclipse_1999_4_NR.jpg *Source*: http://fr.wikipedia.org/w/index.php?title=Fichier:Solar_eclipse_1999_4_NR.jpg *License*: unknown *Contributors*: user:Lviatour

Fichier:Heliospheric-current-sheet.gif *Source*: http://fr.wikipedia.org/w/index.php?title=Fichier:Heliospheric-current-sheet.gif *License*: unknown *Contributors*: Werner Heil (see "other version" below).

Fichier:Vectb.jpg *Source*: http://fr.wikipedia.org/w/index.php?title=Fichier:Vectb.jpg *License*: unknown *Contributors*: User:Pascalou petit

Fichier:Ring of fire.jpg *Source*: http://fr.wikipedia.org/w/index.php?title=Fichier:Ring_of_fire.jpg *License*: unknown *Contributors*: NASA

Fichier:Northern Lights, Greenland.jpg *Source*: http://fr.wikipedia.org/w/index.php?title=Fichier:Northern_Lights,_Greenland.jpg *License*: unknown *Contributors*: Nick Russill from Cardiff, UK

Fichier:Heliocentric.jpg *Source*: http://fr.wikipedia.org/w/index.php?title=Fichier:Heliocentric.jpg *License*: unknown *Contributors*: Andreas Cellarius

Fichier:Smm.jpg *Source*: http://fr.wikipedia.org/w/index.php?title=Fichier:Smm.jpg *License*: unknown *Contributors*: Bricktop, GDK, Ploum's

Fichier:Soho2.jpg *Source*: http://fr.wikipedia.org/w/index.php?title=Fichier:Soho2.jpg *License*: unknown *Contributors*: NASA / ESA

Image:Sun.jpg *Source*: http://fr.wikipedia.org/w/index.php?title=Fichier:Sun.jpg *License*: unknown *Contributors*: Oliver Herold

Fichier:Coucher de soleil sur Moorea.jpg *Source*: http://fr.wikipedia.org/w/index.php?title=Fichier:Coucher_de_soleil_sur_Moorea.jpg *License*: unknown *Contributors*: Rioga98

Image:Disambig colour.svg *Source*: http://fr.wikipedia.org/w/index.php?title=Fichier:Disambig_colour.svg *License*: unknown *Contributors*: User:Bub's

Image:Panorama-Sonnenuntergang bei Königswalde.jpg *Source*: http://fr.wikipedia.org/w/index.php?title=Fichier:Panorama-Sonnenuntergang_bei_Königswalde.jpg *License*: unknown *Contributors*: user:Aka

Image:Aube avril.jpg *Source*: http://fr.wikipedia.org/w/index.php?title=Fichier:Aube_avril.jpg *License*: unknown *Contributors*: Original uploader was Ruizo at fr.wikipedia

Image:William-Adolphe Bouguereau (1825-1905) - Dawn (1881).jpg *Source*: http://fr.wikipedia.org/w/index.php?title=Fichier:William-Adolphe_Bouguereau_(1825-1905)_-_Dawn_(1881).jpg *License*: unknown *Contributors*: ArtLibrn2011, Infrogmation, Lee M, Olivier2, Ossopyvn, Pierpao, Pitke, Red devil 666, Rsberzerker, SolLuna, Thebrid, Wst, 5 anonymous edits

Fichier:Moon and red blue haze.jpg *Source*: http://fr.wikipedia.org/w/index.php?title=Fichier:Moon_and_red_blue_haze.jpg *License*: unknown *Contributors*: Bryan Derksen, Diwas, Fir0002, MPF, W!B:, 1 anonymous edits

Fichier:Sky with puffy clouds.JPG *Source*: http://fr.wikipedia.org/w/index.php?title=Fichier:Sky_with_puffy_clouds.JPG *License*: unknown *Contributors*: Imageman, Kevin Payravi, 4 anonymous edits

Fichier:Ursa_Major_and_Ursa_Minor_Constellations.jpg *Source*: http://fr.wikipedia.org/w/index.php?title=Fichier:Ursa_Major_and_Ursa_Minor_Constellations.jpg *License*: unknown *Contributors*: EugeneZelenko, Meno25, Sevela.p, 1 anonymous edits

Fichier:Planisphæri cœleste.jpg *Source*: http://fr.wikipedia.org/w/index.php?title=Fichier:Planisphæri_cœleste.jpg *License*: unknown *Contributors*: Geagea, Jan Arkesteijn, Jay2332, Joopr, STyx, 1 anonymous edits

Image:Obliquite plan ecliptique.png *Source*: http://fr.wikipedia.org/w/index.php?title=Fichier:Obliquite_plan_ecliptique.png *License*: unknown *Contributors*: User:Daelomin53, User:Dna-webmaster

Image:OrbitalEccentricityDemo.svg *Source*: http://fr.wikipedia.org/w/index.php?title=Fichier:OrbitalEccentricityDemo.svg *License*: unknown *Contributors*: ScottAlanHill

Image:EllipseVal.svg *Source*: http://fr.wikipedia.org/w/index.php?title=Fichier:EllipseVal.svg *License*: unknown *Contributors*: User:HB

Image:Eqdt_wiki.png *Source*: http://fr.wikipedia.org/w/index.php?title=Fichier:Eqdt_wiki.png *License*: unknown *Contributors*: Alexandre Vial

Image:Analemma Earth.png *Source*: http://fr.wikipedia.org/w/index.php?title=Fichier:Analemma_Earth.png *License*: unknown *Contributors*: User:PAR

Image:Aphélie_Périhélie_Terre_Soleil.gif *Source*: http://fr.wikipedia.org/w/index.php?title=Fichier:Aphélie_Périhélie_Terre_Soleil.gif *License*: unknown *Contributors*: Crylic, 2 anonymous edits

Image:Axialtilt.gif *Source*: http://fr.wikipedia.org/w/index.php?title=Fichier:Axialtilt.gif *License*: unknown *Contributors*: Bryan Derksen, JMCC1, Maksim, Metrónomo, Newone, Perhelion

Image:Orbite Terre-Soleil dans un référentiel géocentrique.svg *Source*: http://fr.wikipedia.org/w/index.php?title=Fichier:Orbite_Terre-Soleil_dans_un_référentiel_géocentrique.svg *License*: unknown *Contributors*: User:Daniel exb

Image:Orbite_terrestre_pour_equation_du_temps.svg *Source*: http://fr.wikipedia.org/w/index.php?title=Fichier:Orbite_terrestre_pour_equation_du_temps.svg *License*: unknown *Contributors*: User:Fred-fougere

Image:Terre_pour_equation_du_temps_2.svg *Source*: http://fr.wikipedia.org/w/index.php?title=Fichier:Terre_pour_equation_du_temps_2.svg *License*: unknown *Contributors*: User:Fred-fougere

Image:Geodesie.png *Source*: http://fr.wikipedia.org/w/index.php?title=Fichier:Geodesie.png *License*: unknown *Contributors*: Incnis Mrsi, Maksim

Fichier:Meteotek08 atmosfera13.jpg *Source*: http://fr.wikipedia.org/w/index.php?title=Fichier:Meteotek08_atmosfera13.jpg *License*: unknown *Contributors*: Tecnòlegs de l'IES Bisbal

Image:Atmosphere gas proportions.svg *Source*: http://fr.wikipedia.org/w/index.php?title=Fichier:Atmosphere_gas_proportions.svg *License*: unknown *Contributors*: w:User:MysidMysid

Image:Atmospheric Water Vapor Mean.2005.030.jpg *Source*: http://fr.wikipedia.org/w/index.php?title=Fichier:Atmospheric_Water_Vapor_Mean.2005.030.jpg *License*: unknown *Contributors*: Jdorje, Saperaud, W!B:, Wouterhagens, 4 anonymous edits

Image:Couches de l'atmosphere.png *Source*: http://fr.wikipedia.org/w/index.php?title=Fichier:Couches_de_l'atmosphere.png *License*: unknown *Contributors*: asaphon

Image:Atmosphere layers-fr.svg *Source*: http://fr.wikipedia.org/w/index.php?title=Fichier:Atmosphere_layers-fr.svg *License*: unknown *Contributors*: User:Historicair

Fichier:Top of Atmosphere.jpg *Source*: http://fr.wikipedia.org/w/index.php?title=Fichier:Top_of_Atmosphere.jpg *License*: unknown *Contributors*: NASA Earth Observatory

Image:Atmosphere model.png *Source*: http://fr.wikipedia.org/w/index.php?title=Fichier:Atmosphere_model.png *License*: unknown *Contributors*: Angeloleithold, Conscious

Fichier:Colores vespertinos atmosfera.jpg *Source*: http://fr.wikipedia.org/w/index.php?title=Fichier:Colores_vespertinos_atmosfera.jpg *License*: unknown *Contributors*: User:Joaquín Martínez Rosado

Fichier:Sunset from Internation space station.jpg *Source*: http://fr.wikipedia.org/w/index.php?title=Fichier:Sunset_from_Internation_space_station.jpg *License*: unknown *Contributors*: Credit: Expedition 15 Crew, NASA

Image:Atmospheric electromagnetic opacity.svg *Source*: http://fr.wikipedia.org/w/index.php?title=Fichier:Atmospheric_electromagnetic_opacity.svg *License*: unknown *Contributors*: NASA (original); SVG by w:User:MysidMysid.

Fichier:AtmosphCirc2-fr.png *Source*: http://fr.wikipedia.org/w/index.php?title=Fichier:AtmosphCirc2-fr.png *License*: unknown *Contributors*: Original uploader was Pierre cb at fr.wikipedia

Image:World map with arctic circle.svg *Source*: http://fr.wikipedia.org/w/index.php?title=Fichier:World_map_with_arctic_circle.svg *License*: unknown *Contributors*: User:Thesevenseas

Image:Arctic circle.svg *Source*: http://fr.wikipedia.org/w/index.php?title=Fichier:Arctic_circle.svg *License*: unknown *Contributors*: Thesevenseas, 2 anonymous edits

File:201006 norway polar-circle.JPG *Source*: http://fr.wikipedia.org/w/index.php?title=Fichier:201006_norway_polar-circle.JPG *License*: unknown *Contributors*: Guy Lebègue

Image:World map with antarctic circle.svg *Source*: http://fr.wikipedia.org/w/index.php?title=Fichier:World_map_with_antarctic_circle.svg *License*: unknown *Contributors*: User:Thesevenseas

Image:La Terre à l'équinoxe.png *Source*: http://fr.wikipedia.org/w/index.php?title=Fichier:La_Terre_à_l'équinoxe.png *License*: unknown *Contributors*: Idarvol, 3 anonymous edits

Image:Equinoxes et solstices.png *Source*: http://fr.wikipedia.org/w/index.php?title=Fichier:Equinoxes_et_solstices.png *License*: unknown *Contributors*: User:Duduf

Image:equinox-0.jpg *Source*: http://fr.wikipedia.org/w/index.php?title=Fichier:Equinox-0.jpg *License*: unknown *Contributors*: User:Tau'olunga

Image:equinox-20.jpg *Source*: http://fr.wikipedia.org/w/index.php?title=Fichier:Equinox-20.jpg *License*: unknown *Contributors*: User:Tau'olunga

Image:equinox-50.jpg *Source*: http://fr.wikipedia.org/w/index.php?title=Fichier:Equinox-50.jpg *License*: unknown *Contributors*: User:Tau'olunga

Image:equinox-70.jpg *Source*: http://fr.wikipedia.org/w/index.php?title=Fichier:Equinox-70.jpg *License*: unknown *Contributors*: User:Tau'olunga

Image:equinox-90.jpg *Source*: http://fr.wikipedia.org/w/index.php?title=Fichier:Equinox-90.jpg *License*: unknown *Contributors*: User:Tau'olunga

Image:Mie scattering.svg *Source*: http://fr.wikipedia.org/w/index.php?title=Fichier:Mie_scattering.svg *License*: unknown *Contributors*: User:Sharayanan

Image:Sky with puffy clouds.JPG *Source*: http://fr.wikipedia.org/w/index.php?title=Fichier:Sky_with_puffy_clouds.JPG *License*: unknown *Contributors*: Imageman, Kevin Payravi, 4 anonymous edits

Image:3D Miestreuung an 2um Kugel.jpg *Source*: http://fr.wikipedia.org/w/index.php?title=Fichier:3D_Miestreuung_an_2um_Kugel.jpg *License*: unknown *Contributors*: René Michels, ILM Uni-Ulm,

Image:Mie plasmon.svg *Source*: http://fr.wikipedia.org/w/index.php?title=Fichier:Mie_plasmon.svg *License*: unknown *Contributors*: User:Sharayanan

Image:Diffusion rayleigh.png *Source*: http://fr.wikipedia.org/w/index.php?title=Fichier:Diffusion_rayleigh.png *License*: unknown *Contributors*: Cdang, Jborme, Polyp, Symac

Image:Barbe.JPG *Source*: http://fr.wikipedia.org/w/index.php?title=Fichier:Barbe.JPG *License*: unknown *Contributors*: chfab (oh yeah)

File:Vostok24hourwatch.jpg *Source*: http://fr.wikipedia.org/w/index.php?title=Fichier:Vostok24hourwatch.jpg *License*: unknown *Contributors*: Foroa, Jamin, Lipedia, Smat

Image:Analemma pattern in the sky.jpg *Source*: http://fr.wikipedia.org/w/index.php?title=Fichier:Analemma_pattern_in_the_sky.jpg *License*: unknown *Contributors*: User:jailbird

Image:Analemma.png *Source*: http://fr.wikipedia.org/w/index.php?title=Fichier:Analemma.png *License*: unknown *Contributors*: User:Curps

Image:Mars analemma.GIF *Source*: http://fr.wikipedia.org/w/index.php?title=Fichier:Mars_analemma.GIF *License*: unknown *Contributors*: VIGNERON, 1 anonymous edits

Image:Sonnenuntegang im Golf von Tarent bei Montedarena.jpg *Source*: http://fr.wikipedia.org/w/index.php?title=Fichier:Sonnenuntegang_im_Golf_von_Tarent_bei_Montedarena.jpg *License*: unknown *Contributors*: Mac9, Semnoz, Shinka, Vonvikken, Überraschungsbilder, 1 anonymous edits

Image:Earthterminator iss002 full.jpg *Source*: http://fr.wikipedia.org/w/index.php?title=Fichier:Earthterminator_iss002_full.jpg *License*: unknown *Contributors*: ISS Crew, Earth Sciences and Image Analysis Lab, JSC, NASA

Image:Sunset Hongkong-Serie.png *Source*: http://fr.wikipedia.org/w/index.php?title=Fichier:Sunset_Hongkong-Serie.png *License*: unknown *Contributors*: Utilisateur:Geof

Image:Rayon vert observatoire de La Silla 2 insolite.jpg *Source*: http://fr.wikipedia.org/w/index.php?title=Fichier:Rayon_vert_observatoire_de_La_Silla_2_insolite.jpg *License*: unknown *Contributors*: Original uploader was Pixeltoo at fr.wikipedia

Image:Soleil rouge.JPG *Source*: http://fr.wikipedia.org/w/index.php?title=Fichier:Soleil_rouge.JPG *License*: unknown *Contributors*: Rogilbert

Image:DSC02154.JPG *Source*: http://fr.wikipedia.org/w/index.php?title=Fichier:DSC02154.JPG *License*: unknown *Contributors*: -

Image:Mars sunset PIA00920.jpg *Source*: http://fr.wikipedia.org/w/index.php?title=Fichier:Mars_sunset_PIA00920.jpg *License*: unknown *Contributors*: Bradipus, ComputerHotline, Li-sung, Saperaud

Image:Sunset with funnel clouds.jpg *Source*: http://fr.wikipedia.org/w/index.php?title=Fichier:Sunset_with_funnel_clouds.jpg *License*: unknown *Contributors*: Fir0002, Mbz1, Semnoz, Shinka, 1 anonymous edits

Image:Boronali - Coucher de Soleil sur l'Adriatique.jpg *Source*: http://fr.wikipedia.org/w/index.php?title=Fichier:Boronali_-_Coucher_de_Soleil_sur_l'Adriatique.jpg *License*: unknown *Contributors*: Bohème, ComputerHotline, Oxag, Semnoz, Tangopaso

Image:arubasunset.jpg *Source*: http://fr.wikipedia.org/w/index.php?title=Fichier:Arubasunset.jpg *License*: unknown *Contributors*: GeorgHH, Saperaud, Shinka, Tintazul, 1 anonymous edits

Image:SunsetinBiarritz.JPG *Source*: http://fr.wikipedia.org/w/index.php?title=Fichier:SunsetinBiarritz.JPG *License*: unknown *Contributors*: Chandres, ComputerHotline, Manuel González Olaechea, Olivier2, Shinka, 1 anonymous edits

Image:Pont_Oléron2.JPG *Source*: http://fr.wikipedia.org/w/index.php?title=Fichier:Pont_Oléron2.JPG *License*: unknown *Contributors*: Original uploader was Olivier2000 at fr.wikipedia

Image:Sunset in Hong Kong.jpg *Source*: http://fr.wikipedia.org/w/index.php?title=Fichier:Sunset_in_Hong_Kong.jpg *License*: unknown *Contributors*: Mogelzahn, Olivier2, Semnoz, Shinka, Wrightbus

Image:Coucher de soleil à Houat.JPG *Source*: http://fr.wikipedia.org/w/index.php?title=Fichier:Coucher_de_soleil_à_Houat.JPG *License*: unknown *Contributors*: User:CaptainHaddock

Image:Lakemalawi sunset.jpg *Source*: http://fr.wikipedia.org/w/index.php?title=Fichier:Lakemalawi_sunset.jpg *License*: unknown *Contributors*: ComputerHotline, Itsmine, JackyR, Semnoz, Shinka

Image:Coucher_Soleil_Mimizan.JPG *Source*: http://fr.wikipedia.org/w/index.php?title=Fichier:Coucher_Soleil_Mimizan.JPG *License*: unknown *Contributors*: user:Jibi44

Image:Montsoreau Loire.JPG *Source*: http://fr.wikipedia.org/w/index.php?title=Fichier:Montsoreau_Loire.JPG *License*: unknown *Contributors*: User:CaptainHaddock

Image:Avril 04 038.jpg *Source*: http://fr.wikipedia.org/w/index.php?title=Fichier:Avril_04_038.jpg *License*: unknown *Contributors*: Dorian Claeys

Image:Red sunset.jpg *Source*: http://fr.wikipedia.org/w/index.php?title=Fichier:Red_sunset.jpg *License*: unknown *Contributors*: AstroImager001, Dbenbenn, Fir0002, Saperaud, Shinka, Tintazul, 1 anonymous edits

Image:Sunset-elpalo-spain.jpg *Source*: http://fr.wikipedia.org/w/index.php?title=Fichier:Sunset-elpalo-spain.jpg *License*: unknown *Contributors*: User:Julien Jorge

Image:Sunset baobabs Madagascar.jpg *Source*: http://fr.wikipedia.org/w/index.php?title=Fichier:Sunset_baobabs_Madagascar.jpg *License*: unknown *Contributors*: User:Bgag

Fichier:Couche de soleil - Chartreuse par Matthieu Riegler.jpg *Source*: http://fr.wikipedia.org/w/index.php?title=Fichier:Couche_de_soleil_-_Chartreuse_par_Matthieu_Riegler.jpg *License*: unknown *Contributors*: User:Kyro

File:Sunset Bay of Campeche.JPG *Source*: http://fr.wikipedia.org/w/index.php?title=Fichier:Sunset_Bay_of_Campeche.JPG *License*: unknown *Contributors*: User:Joaquín Martínez Rosado

Fichier:Agadir coucher soleil 0992.JPG *Source*: http://fr.wikipedia.org/w/index.php?title=Fichier:Agadir_coucher_soleil_0992.JPG *License*: unknown *Contributors*: User:Daniel*D

Fichier:Agadir coucher soleil 0987.JPG *Source*: http://fr.wikipedia.org/w/index.php?title=Fichier:Agadir_coucher_soleil_0987.JPG *License*: unknown *Contributors*: User:Daniel*D

Fichier:Chengde Mountain Resort02.jpg *Source*: http://fr.wikipedia.org/w/index.php?title=Fichier:Chengde_Mountain_Resort02.jpg *License*: unknown *Contributors*: User:Vberger

Image:VLT_Sunset_ESO.jpg *Source*: http://fr.wikipedia.org/w/index.php?title=Fichier:VLT_Sunset_ESO.jpg *License*: unknown *Contributors*: ESO/S. Guisard (www.eso.org/~sguisard)

Image:Antony Gormley - Another Place - Crosby Beach 01.jpg *Source*: http://fr.wikipedia.org/w/index.php?title=Fichier:Antony_Gormley_-_Another_Place_-_Crosby_Beach_01.jpg *License*: unknown *Contributors*: User:Solipsist

File:Our sunset.jpg *Source*: http://fr.wikipedia.org/w/index.php?title=Fichier:Our_sunset.jpg *License*: unknown *Contributors*: User:Joaquín Martínez Rosado

Image:Sonnenuntergang-Bodensee.jpg *Source*: http://fr.wikipedia.org/w/index.php?title=Fichier:Sonnenuntergang-Bodensee.jpg *License*: unknown *Contributors*: AndreasPraefcke, Dbenbenn, Mogelzahn, Shinka, Siebrand, Stefan-Xp, Tintazul

Free Documentation License Version 1.2, mber 2002 Copyright (C) 2000,2001,2002 Software Foundation, Inc. 59 Temple ,, Suite 330, Boston, MA 02111-1307 USA yone is permitted to copy and distribute atim copies of this license document, but ging it is not allowed.

AMBLE

urpose of this License is to make a manual, textbook, or unctional and useful document "free" in the sense of n: to assure everyone the effective freedom to copy and bute it, with or without modifying it, either commercially or nmercially. Secondarily, this License preserves for the and publisher a way to get credit for their work, while not considered responsible for modifications made by others. cense is a kind of "copyleft", which means that derivative of the document must themselves be free in the same It complements the GNU General Public License, which is eft license designed for free software. We have designed ense in order to use it for manuals for free software, e free software needs free documentation: a free program come with manuals providing the same freedoms that the e does. But this License is not limited to software manuals; be used for any textual work, regardless of subject matter ther it is published as a printed book. We recommend this e principally for works whose purpose is instruction or ce.

LICABILITY AND DEFINITIONS

License applies to any manual or other work, in any n, that contains a notice placed by the copyright holder it can be distributed under the terms of this License. Such e grants a world-wide, royalty-free license, unlimited in n, to use that work under the conditions stated herein. The ment", below, refers to any such manual or work. Any er of the public is a licensee, and is addressed as "you". cept the license if you copy, modify or distribute the work ay requiring permission under copyright law. A "Modified n" of the Document means any work containing the ent or a portion of it, either copied verbatim, or with ations and/or translated into another language. A dary Section" is a named appendix or a front-matter of the Document that deals exclusively with the nship of the publishers or authors of the Document to the ent's overall subject (or to related matters) and contains g that could fall directly within that overall subject. (Thus, if cument is in part a textbook of mathematics, a Secondary may not explain any mathematics.) The relationship could matter of historical connection with the subject or with matters, or of legal, commercial, philosophical, ethical or l position regarding them. The "Invariant Sections" are Secondary Sections whose titles are designated, as being of Invariant Sections, in the notice that says that the ent is released under this License. If a section does not fit ove definition of Secondary then it is not allowed to be ated as Invariant. The Document may contain zero nt Sections. If the Document does not identify any Invariant ns then there are none. The "Cover Texts" are certain short ges of text that are listed, as Front-Cover Texts or Back-Texts, in the notice that says that the Document is ed under this License. A Front-Cover Text may be at most ls, and a Back-Cover Text may be at most 25 words. A parent" copy of the Document means a machine-readable represented in a format whose specification is available to neral public, that is suitable for revising the document tforwardly with generic text editors or (for images sed of pixels) generic paint programs or (for drawings) widely available drawing editor, and that is suitable for input formatters or for automatic translation to a variety of s suitable for input to text formatters. A copy made in an ise Transparent file format whose markup, or absence of o, has been arranged to thwart or discourage subsequent ation by readers is not Transparent. An image format is nsparent if used for any substantial amount of text. A copy not "Transparent" is called "Opaque". Examples of suitable s for Transparent copies include plain ASCII without o, Texinfo input format, LaTeX input format, SGML or XML a publicly available DTD, and standard-conforming simple PostScript or PDF designed for human modification. les of transparent image formats include PNG, XCF and Opaque formats include proprietary formats that can be nd edited only by proprietary word processors, SGML or r which the DTD and/or processing tools are not generally ble, and the machine-generated HTML, PostScript or PDF ed by some word processors for output purposes only. The Page" means, for a printed book, the title page itself, plus ollowing pages as are needed to hold, legibly, the material cense requires to appear in the title page. For works in s which do not have any title page as such, "Title Page" the text near the most prominent appearance of the work's receding the beginning of the body of the text. A section d XYZ" means a named subunit of the Document whose ther is precisely XYZ or contains XYZ in parentheses ng text that translates XYZ in another language. (Here XYZ for a specific section name mentioned below, such as owledgements", "Dedications", "Endorsements", or y".) To "Preserve the Title" of such a section when you the Document means that it remains a section "Entitled according to this definition. The Document may include nty Disclaimers next to the notice which states that this e applies to the Document. These Warranty Disclaimers nsidered to be included by reference in this License, but s regards disclaiming warranties: any other implication that Warranty Disclaimers may have is void and has no effect meaning of this License.

RBATIM COPYING

nay copy and distribute the Document in any medium, commercially or noncommercially, provided that this e, the copyright notices, and the license notice saying this License applies to the Document are reproduced in all copies, and that you add no other conditions whatsoever to those of this License. You may not use technical measures to obstruct or control the reading or further copying of the copies you make or distribute. However, you may accept compensation in exchange for copies. If you distribute a large enough number of copies you must also follow the conditions in section 3. You may also lend copies, under the same conditions stated above, and you may publicly display copies.

3. COPYING IN QUANTITY

If you publish printed copies (or copies in media that commonly have printed covers) of the Document, numbering more than 100, and the Document's license notice requires Cover Texts, you must enclose the copies in covers that carry, clearly and legibly, all these Cover Texts: Front-Cover Texts on the front cover, and Back-Cover Texts on the back cover. Both covers must also clearly and legibly identify you as the publisher of these copies. The front cover must present the full title with all words of the title equally prominent and visible. You may add other material on the covers in addition. Copying with changes limited to the covers, as long as they preserve the title of the Document and satisfy these conditions, can be treated as verbatim copying in other respects. If the required texts for either cover are too voluminous to fit legibly, you should put the first ones listed (as many as fit reasonably) on the actual cover, and continue the rest onto adjacent pages. If you publish or distribute Opaque copies of the Document numbering more than 100, you must either include a machine-readable Transparent copy along with each Opaque copy, or state in or with each Opaque copy a computer-network location from which the general network-using public has access to download using public-standard network protocols a complete Transparent copy of the Document, free of added material. If you use the latter option, you must take reasonably prudent steps, when you begin distribution of Opaque copies in quantity, to ensure that this Transparent copy will remain thus accessible at the stated location until at least one year after the last time you distribute an Opaque copy (directly or through your agents or retailers) of that edition to the public. It is requested, but not required, that you contact the authors of the Document well before redistributing any large number of copies, to give them a chance to provide you with an updated version of the Document.

4. MODIFICATIONS

You may copy and distribute a Modified Version of the Document under the conditions of sections 2 and 3 above, provided that you release the Modified Version under precisely this License, with the Modified Version filling the role of the Document, thus licensing distribution and modification of the Modified Version to whoever possesses a copy of it. In addition, you must do these things in the Modified Version: A. Use in the Title Page (and on the covers, if any) a title distinct from that of the Document, and from those of previous versions (which should, if there were any, be listed in the History section of the Document). You may use the same title as a previous version if the original publisher of that version gives permission. B. List on the Title Page, as authors, one or more persons or entities responsible for authorship of the modifications in the Modified Version, together with at least five of the principal authors of the Document (all of its principal authors, if it has fewer than five), unless they release you from this requirement. C. State on the Title page the name of the publisher of the Modified Version, as the publisher. D. Preserve all the copyright notices of the Document. E. Add an appropriate copyright notice for your modifications adjacent to the other copyright notices. F. Include, immediately after the copyright notices, a license notice giving the public permission to use the Modified Version under the terms of this License, in the form shown in the Addendum below. G. Preserve in that license notice the full lists of Invariant Sections and required Cover Texts given in the Document's license notice. H. Include an unaltered copy of this License. I. Preserve the section Entitled "History", Preserve its Title, and add to it an item stating at least the title, year, new authors, and publisher of the Modified Version as given on the Title Page. If there is no section Entitled "History" in the Document, create one stating the title, year, authors, and publisher of the Document as given on its Title Page, then add an item describing the Modified Version as stated in the previous sentence. J. Preserve the network location, if any, given in the Document for public access to a Transparent copy of the Document, and likewise the network locations given in the Document for previous versions it was based on. These may be placed in the "History" section. You may omit a network location for a work that was published at least four years before the Document itself, or if the original publisher of the version it refers to gives permission. K. For any section Entitled "Acknowledgements" or "Dedications", Preserve the Title of the section, and preserve in the section all the substance and tone of each of the contributor acknowledgements and/or dedications given therein. L. Preserve all the Invariant Sections of the Document, unaltered in their text and in their titles. Section numbers or the equivalent are not considered part of the section titles. M. Delete any section Entitled "Endorsements". Such a section may not be included in the Modified Version. N. Do not retitle any existing section to be Entitled "Endorsements" or to conflict in title with any Invariant Section. O. Preserve any Warranty Disclaimers. If the Modified Version includes new front-matter sections or appendices that qualify as Secondary Sections and contain no material copied from the Document, you may at your option designate some or all of these sections as invariant. To do this, add their titles to the list of Invariant Sections in the Modified Version's license notice. These titles must be distinct from any other section titles. You may add a section Entitled "Endorsements", provided it contains nothing but endorsements of your Modified Version by various parties--for example, statements of peer review or that the text has been approved by an organization as the authoritative definition of a standard. You may add a passage of up to five words as a Front-Cover Text, and a passage of up to 25 words as a Back-Cover Text, to the end of the list of Cover Texts in the Modified Version. Only one passage of Front-Cover Text and one of Back-Cover Text may be added by (or through arrangements made by) any one entity. If the Document already includes a cover text for the same cover, previously added by you or by arrangement made by the same entity you are acting on behalf of, you may not add another; but you may replace the old one, on explicit permission from the previous publisher that added the old one. The author(s) and publisher(s) of the Document do not by this License give permission to use their names for publicity for or to assert or imply endorsement of any Modified Version.

5. COMBINING DOCUMENTS

You may combine the Document with other documents released under this License, under the terms defined in section 4 above for modified versions, provided that you include in the combination all of the Invariant Sections of all of the original documents, unmodified, and list them all as Invariant Sections of your combined work in its license notice, and that you preserve all their Warranty Disclaimers. The combined work need only contain one copy of this License, and multiple identical Invariant Sections may be replaced with a single copy. If there are multiple Invariant Sections with the same name but different contents, make the title of each such section unique by adding at the end of it, in parentheses, the name of the original author or publisher of that section if known, or else a unique number. Make the same adjustment to the section titles in the list of Invariant Sections in the license notice of the combined work. In the combination, you must combine any sections Entitled "History" in the various original documents, forming one section Entitled "History"; likewise combine any sections Entitled "Acknowledgements", and any sections Entitled "Dedications". You must delete all sections Entitled "Endorsements".

6. COLLECTIONS OF DOCUMENTS

You may make a collection consisting of the Document and other documents released under this License, and replace the individual copies of this License in the various documents with a single copy that is included in the collection, provided that you follow the rules of this License for verbatim copying of each of the documents in all other respects. You may extract a single document from such a collection, and distribute it individually under this License, provided you insert a copy of this License into the extracted document, and follow this License in all other respects regarding verbatim copying of that document.

7. AGGREGATION WITH INDEPENDENT WORKS

A compilation of the Document or its derivatives with other separate and independent documents or works, in or on a volume of a storage or distribution medium, is called an "aggregate" if the copyright resulting from the compilation is not used to limit the legal rights of the compilation's users beyond what the individual works permit. When the Document is included in an aggregate, this License does not apply to the other works in the aggregate which are not themselves derivative works of the Document. If the Cover Text requirement of section 3 is applicable to these copies of the Document, then if the Document is less than one half of the entire aggregate, the Document's Cover Texts may be placed on covers that bracket the Document within the aggregate, or the electronic equivalent of covers if the Document is in electronic form. Otherwise they must appear on printed covers that bracket the whole aggregate.

8. TRANSLATION

Translation is considered a kind of modification, so you may distribute translations of the Document under the terms of section 4. Replacing Invariant Sections with translations requires special permission from their copyright holders, but you may include translations of some or all Invariant Sections in addition to the original versions of these Invariant Sections. You may include a translation of this License, and all the license notices in the Document, and any Warranty Disclaimers, provided that you also include the original English version of this License and the original versions of those notices and disclaimers. In case of a disagreement between the translation and the original version of this License or a notice or disclaimer, the original version will prevail. If a section in the Document is Entitled "Acknowledgements", "Dedications", or "History", the requirement (section 4) to Preserve its Title (section 1) will typically require changing the actual title.

9. TERMINATION

You may not copy, modify, sublicense, or distribute the Document except as expressly provided for under this License. Any other attempt to copy, modify, sublicense or distribute the Document is void, and will automatically terminate your rights under this License. However, parties who have received copies, or rights, from you under this License will not have their licenses terminated so long as such parties remain in full compliance.

10. FUTURE REVISIONS OF THIS LICENSE

The Free Software Foundation may publish new, revised versions of the GNU Free Documentation License from time to time. Such new versions will be similar in spirit to the present version, but may differ in detail to address new problems or concerns. See http://www.gnu.org/copyleft/. Each version of the License is given a distinguishing version number. If the Document specifies that a particular numbered version of this License "or any later version" applies to it, you have the option of following the terms and conditions either of that specified version or of any later version that has been published (not as a draft) by the Free Software Foundation. If the Document does not specify a version number of this License, you may choose any version ever published (not as a draft) by the Free Software Foundation. ADDENDUM: How to use this License for your documents To use this License in a document you have written, include a copy of the License in the document and put the following copyright and license notices just after the title page: Copyright (c) YEAR YOUR NAME. Permission is granted to copy, distribute and/or modify this document under the terms of the GNU Free Documentation License, Version 1.2 or any later version published by the Free Software Foundation; with no Invariant Sections, no Front-Cover Texts, and no Back-Cover Texts. A copy of the license is included in the section entitled "GNU Free Documentation License". If you have Invariant Sections, Front-Cover Texts and Back-Cover Texts, replace the "with...Texts." line with this: with the Invariant Sections being LIST THEIR TITLES, with the Front-Cover Texts being LIST, and with the Back-Cover Texts being LIST. If you have Invariant Sections without Cover Texts, or some other combination of the three, merge those two alternatives to suit the situation. If your document contains nontrivial examples of program code, we recommend releasing these examples in parallel under your choice of free software license, such as the GNU General Public License, to permit their use in free software.

Printed by Books on Demand GmbH, Norderstedt / Germany